OUVRAGES

PUBLIÉS A LA LIBRAIRIE DE RORET SUR LES ALCOOLS.

Manuel de la Distillation de toutes les substances alcoolisables connues, par M. G.-E. LORMÉ. 2 gros vol. in-18 avec Atlas. (*Sous presse.*)

Manuel de la Distillation de l'Eau-de-Vie de pommes de terre et de betteraves, par MM. HOURIER et MALEPEYRE. 1 volume avec figures. . . . . 1 fr. 50

Manuel du Distillateur-Liquoriste, contenant l'Art de fabriquer les Sirops, Esprits parfumés, Huiles essentielles, Eaux distillées, Alcoolats employés en parfumerie, Ratafias, Hypocras, renfermant les meilleures recettes de Liqueurs distillées et par infusion, ainsi que la préparation des Fruits à l'eau-de-vie et au sirop, par MM. LEBEAUD, JULIA DE FONTENELLE et F. MALEPEYRE, 1 gros volume. . . 3 fr. 50

Manuel du Négociant d'eau-de-vie, Liquoriste, Marchand de vin et Distillateur, par MM. RAVON et MALEPEYRE. 1 vol. . . . . 75 c.

Manuel du Vigneron Français, ou l'Art de cultiver la Vigne, de faire les Vins, les Eaux-de-Vie et Vinaigres, par M. THIÉBAUT DE BERNEAUD. 1 vol. avec Atlas, figures noires. . . . . 3 fr. 50
Figures coloriées. . . . . 5 fr.

Manuel de l'Amélioration des Liquides, tels que Vins, Vins mousseux, Alcools, Spiritueux, Vinaigres, Sirops, etc., contenant de nombreuses formules sur le coupage et l'imitation des vins, etc., par M. V.-F. LEBEUF. 1 vol. . . . . 3 fr.

Mémoire sur les Falsifications des Alcools, par M. Théodore CHATEAU, chimiste. Brochure in-8. . . . . 1 fr.

ENCYCLOPÉDIE-RORET.

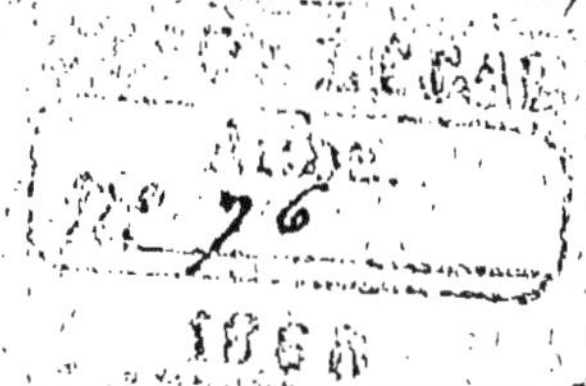

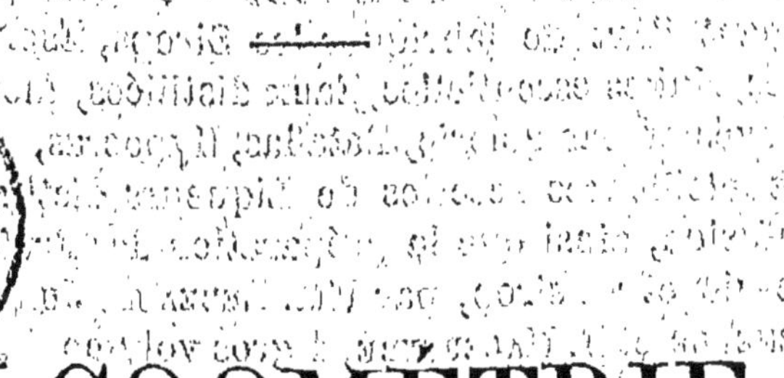

ALCOOMÉTRIE

MANUELS-RORET

NOUVEAU MANUEL

COMPLET

D'ALCOOMÉTRIE

COMPRENANT

Des Notions sur les Alcools, les Esprits et les Eaux-de-vie du commerce,

La description des Appareils et Méthodes propres à constater la Spirituosité de ces liquides,

des Tables de Mouillage et de Remontage des Eaux-de-Vie,

AINSI QUE DES INDICATIONS SUR

LA VENTE DES ALCOOLS AU POIDS

ET SUR L'ALCOOMÉTRIE A L'ÉTRANGER

à l'usage

DES FABRICANTS D'ALCOOLS, DES NÉGOCIANTS EN SPIRITUEUX, DES MARCHANDS DE VINS, DES DISTILLATEURS, DES LIQUORISTES, DES FABRICANTS DE VERNIS

ET DE

Toutes les personnes qui produisent, vendent, achètent ou emploient les Alcools dans l'industrie.

Par M. F. **MALEPEYRE**.

PARIS

LIBRAIRIE ENCYCLOPÉDIQUE DE RORET

RUE HAUTEFEUILLE, 12.

1868

PRÉFACE

On a publié un assez grand nombre de petits ouvrages manuels, destinés à faciliter, au moyen de tables, aux négociants en alcool, en esprits et en eaux-de-vie, ainsi qu'à tous ceux qui vendent ou achètent ces liquides, des calculs assez compliqués et qui exigent, pour qu'on puisse les exécuter avec exactitude, l'emploi de formules algébriques, ou du moins la connaissance de certaines lois physiques qui affectent l'état des liquides sous l'influence des changements de température ou de leurs mélanges entre eux.

Plusieurs de ces petits ouvrages, auxquels n'ont pas dédaigné de travailler des savants et des praticiens habiles, sont faits avec soin, commodes et rendent journellement des services incontestables; mais nous avons pensé qu'aujourd'hui on pouvait faire encore mieux. En effet, les sciences marchent, les méthodes d'investigation se perfectionnent, l'étude des corps et de leurs propriétés s'étend chaque jour, et ce qui était bon et utile la veille, ne suffit plus souvent le lendemain.

Nous nous sommes donc mis à l'œuvre en nous appliquant, dans notre nouveau manuel, à réunir les notions les plus récentes et les plus utiles à connaître au producteur et au négociant en alcools, à perfectionner et corriger les anciennes tables, à en ajouter de nouvelles; enfin, à rédiger un ouvrage qui par son exactitude, son petit format, son prix modeste et les nombreux documents qu'il renferme, soit propre à rendre, nous l'espérons, de grands services aux distillateurs, aux spéculateurs et aux praticiens.

NOUVEAU MANUEL

COMPLET

D'ALCOOMÉTRIE

CHAPITRE Ier.

LIQUIDES SPIRITUEUX.

Pendant longtemps on a appliqué le nom d'*alcool* exclusivement à un liquide volatil particulier qui prend naissance quand on fait fermenter des jus ou de matières sucrées, mais dans la chimie moderne, ce nom est devenu une dénomination générique sous laquelle on désigne une série de composés dont les caractères généraux présentent la plus grande analogie avec le liquide que donnent les jus sucrés fermentés. C'est ainsi qu'on connaît aujourd'hui de l'*alcool vinique* ou alcool de vin (alcool ordinaire), et des alcools *méthylique, amylique, butylique, éthylique, caprilique, butyrique,* etc. Le premier ou alcool vinique, est le seul qui doit nous occuper dans ce manuel.

On donne, en chimie, le nom d'*alcool absolu* au

principe concentré et privé d'eau auquel l'alcool et les esprits de vins du commerce doivent leurs propriétés.

L'alcool absolu est un liquide incolore, transparent, très-fluide, d'un arome agréable et d'une saveur brûlante. Il est plus léger que l'eau, d'une densité de 0,7939 à 15° C., de 0,7925 à 18°. Il bout à 78°41 C. sous la pression de 0m.76, se volatilise avec une extrême facilité, ne se congèle point à — 59°, mais à — 99° C. se transforme en une masse molle, semblable à de la cire fondue. Ce liquide brûle avec une flamme pâle allongée, sans laisser de résidu, et se convertit en acide carbonique et en eau.

L'eau se mélange en toute quantité avec l'alcool, avec dégagement de chaleur, quand le mélange est effectué en certaines proportions, tandis que si ce mélange a lieu entre l'alcool et la neige ou la glace pilée, il y a production d'un froid si intense que le thermomètre descend quelquefois jusqu'à 37 degrés au-dessous de zéro.

En même temps que le mélange de l'alcool et de l'eau a lieu, il se manifeste un phénomène auquel on a donné le nom de contraction, et qui consiste en ce que le volume du mélange est toujours inférieur au volume total des deux liquides pris séparément. Ainsi, un mélange de 100 en volume d'alcool à 95° et de 144 lit. 44 d'eau, ne donne pas un mélange de 244 lit. 44, mais bien 237 lit. 50 d'esprit à 40° de l'alcoomètre centésimal. Le maximum de concentration paraît être, lorsque le volume d'eau ajouté à celui de l'alcool est dans le rapport de 1000 du premier à 1078 de la seconde. Le volume du mélange se rapproche alors beaucoup de 2000.

Ce sont les divers mélanges d'alcool absolu et d'eau qui constituent tous les alcools et tous les esprits du commerce.

L'alcool le plus rectifié qu'on trouvait jadis communément dans le commerce était celui qui porte le nom d'*esprit trois-huit* et qui marque 38° 5 à l'aréomètre de Cartier, et 92°5 à l'alcoomètre de Gay-Lussac, d'une densité 0,826; mais on rencontre aussi fréquemment aujourd'hui, dans les transactions commerciales, des alcools marquant 40° Cartier ou 95° 9 à l'alcoomètre, et d'une densité de 0,814.

On est dans l'usage, dans le commerce, de désigner par des noms particuliers ou par des fractions, les différents degrés de concentration des alcools. On appelle, en général, *eaux-de-vie* les produits de la distillation qui marquent depuis 16° jusqu'à 20° de l'aréomètre de Cartier (36°9 à 52°5 de l'alcoomètre de Gay-Lussac). Quant aux produits alcooliques qui dépassent ce taux, et qui sont plus forts, ils prennent le nom d'*esprits*, dont on exprime le plus ou moins de richesse par une fraction.

Sous les noms d'esprit-de-vin ou trois-six, on désignait autrefois, et on désigne encore, dans beaucoup de localités, les produits qui marquent 33° Cartier ou 85 centésimaux. Ce nom de 3/6 est fort ancien et constituait, avec ceux de 2/3, 3/4, 3/5, 4/7, 6/11, 3/7, 3/8 et 3/9, les anciennes indications fractionnaires que le Midi employait jadis pour désigner les esprits à différents titres et qui correspondent aux 23, 24, 29,5, 30, 31, 32, 35, 37, 41 degrés de Cartier, la température étant 10° au-dessus de 0° du thermomètre de Réaumur.

Ces nombres, suivant M. T. Duplais, ne sont pas arbitraires, ils désignent les poids et non les volumes, ainsi que le prétendent beaucoup de théoriciens, de la quantité d'eau qu'il faut ajouter à chaque liquide alcoolique, afin de donner des mélanges potables portant la *preuve de Hollande* ou 19° Cartier (50° centésimaux).

Ainsi, le 3/6 est de l'alcool à 33° Cartier, dont 3 parties mélangées à un poids égal d'eau, produisent six volumes d'eau-de-vie à 19° Cartier (49°1 de l'alcoomètre centésimal à + 15° C.), 22°5 B., et 57°2 à l'alcoomètre, et renferme 41 pour 100 d'eau.

L'esprit *trois-cinq* marque 29°5 Cartier, 31°5 B. et 77°3 à l'alcoomètre.

L'esprit *trois-six* qui est formé de 3 parties d'eau et 3 parties d'alcool sans qu'il y ait condensation bien sensible, marque 33° Cartier, 35 Baumé et 88°4 à l'alcoomètre.

L'esprit *trois-sept* qui renferme 7 parties en volume d'alcool sur 4 parties d'eau, marque 36° Cartier, 39 Baumé et 89°6 à l'alcoomètre.

Voici, du reste, le tableau des titres de la plupart des alcools de commerce.

Titres des alcools du commerce.

NOMS DES ALCOOLS.	Aréomètre de Cartier.	Aréomètre de Baumé.	Alcoomètre centés. de Gay-Lussac.	Densité
Eau-de-vie faible.. . . .	16°	16.50	36°9	0.957
— ordinaire (preuve de Hollande). .	19	20.00	49.1	0.936
— forte.	21.5	22.50	57.2	0.924
Esprit trois-cinq.	29.5	31.50	77.3	0.869
— trois-six.	33	35.00	84.4	0.851
— trois-sept.	35	37.80	88.0	0.845
— rectifié..	36	39.00	89.6	0.835
— trois-huit.	38.5	41.00	93.4	0.820
Alcool à 40°	40	43.00	95.4	0.814
Alcool absolu..	44.19	47.00	100.0	0.794

On trouvera plus loin des tables de correspondance pour les eaux-de-vie et les esprits de tous les degrés.

M. Payen, dans son *Précis de Chimie industrielle*, a donné un tableau des nombres qui indiquent, dans le commerce, la richesse alcoolique moyenne des produits vendus sous le nom d'esprit ou d'eau-de-vie, qui diffère du précédent, et c'est ce qui nous engage à le reproduire ici.

DÉSIGNATION DES PRODUITS	Aréomètre de Cartier.	Alcoomètre de Gay-Lussac.
Alcool pur absolu.	44°0	100°00
Alcool rectifié.	39.0	94.00
Esprit trois-six de betteraves, grains, etc.	36.0	89.06
Trois-six esprit de Montpellier.	33.0	84.04
Eau-de-vie [preuve de Hollande] (1).	22.0	58.07
Eau-de-vie (preuve de Londres).	21.6	58.00
Eau-de-vie double de Cognac.	20.0	52.50
Eau-de-vie ordinaire du commerce de détail.	19.0	49.01
Eau-de-vie ordinaire faible. .	18.0	45.50

(1) Pour soumettre une eau-de-vie à la preuve de Hollande, on l'introduit dans un flacon et on l'agite vivement; si elle *perle*, elle marque moins de 19° à l'aréomètre de Cartier; cette eau-de-vie de 19° est un type commercial qui contient environ moitié de son volume d'eau et moitié d'esprit 3/6 à 23° Cartier.

CHAPITRE II.

ALCOOLS, ESPRITS ET EAUX-DE-VIE DU COMMERCE.

On connaît dans le commerce un très-grand nombre d'alcools, d'esprits de provenance et de qualités diverses, et des eaux-de-vie à des titres très-différents et de propriétés très-variées. Les produits alcooliques de la France les plus renommés sont ceux des départements de la Charente et de la Charente-Inférieure; après eux viennent les eaux-de-vie du Gers ou d'Armagnac; puis les eaux-de-vie de Montpellier et une foule d'autres qu'il est difficile de nommer. Dans tous les cas, voici la classification qui a été établie dans le commerce pour les produits les plus recommandables :

1° Cognac, fine champagne;
2° — champagne;
3° — petite champagne;
4° — premier bois;
5° — deuxième bois;
6° — saintonge;
7° — Saint-Jean-d'Angély;
8° — eau-de-vie d'Armagnac;
9° Eau-de-vie de Ténarèze (Armagnac);
10° Cognac surgères;
11° Eau-de-vie de Haut-Armagnac;
12° Rochelles-Aigrefeuilles;
13° Rochelles;
14° Marmande;

15° Pays;
16° 3/6 Languedoc.

Nous allons maintenant entrer dans quelques détails sur plusieurs d'entre eux.

1° Les eaux-de-vie des Charentes sont classées suivant cinq crûs différents dont voici les noms :

Premier crû : *Fine champagne.* — Elle est produite par les territoires renfermés entre la rive gauche de la Charente (la rivière) et la rivière de Né, rive droite, depuis son embouchure dans la Charente à Merpins, en remontant son cours jusqu'à la commune de la Magdelaine pour revenir joindre la Charente par Bonneuil et Châteauneuf. Ce territoire peut avoir 28 kilomètres en longueur et 15 en largeur.

Deuxième crû : *Petite champagne.* — Elle est formée de deux contrées séparées. La première, bornée d'un côté par la rive gauche de la Charente, depuis l'extrémité de la fine champagne jusqu'à Nersac, de là suit une ligne qui passe par Moutiers et Blanzac, puis la rive droite de la Né jusqu'à la limite de la fine champagne. La seconde reprend le cours de la Né sur la rive gauche, à partir de la commune de la Magdelaine jusqu'à son embouchure dans la Charente, suit la rive gauche de cette dernière jusqu'à la commune de Merpins en se dirigeant sur les Gonds, et allant rejoindre la Sougne à Pons qu'elle traverse et dont elle suit la rive droite jusqu'à Colam pour remonter par Athenas et se terminer à la Magdelaine.

Troisième crû : *Premier bois.* (Borderies). — Ils

forment également deux territoires. Le premier, compris au nord, entre Angoulême, Matha, Saintes et la rive droite de la Charente, en remontant jusqu'à Angoulême. Le deuxième, au midi, comprend Barbézieux, Jonzac, Pons, et remonte jusqu'à Saintes. C'est sur ces territoires qu'on fabrique les eaux-de-vie dites *Borderies*, qui sont presque aussi délicates que la fine champagne, mais n'en possèdent pas le bouquet.

Quatrième et cinquième crûs : *Deuxième bois et eaux-de-vie de Saintonge.* — Les eaux-de-vie fabriquées du côté de la mer, en remontant vers La Rochelle, ont un goût de terroir plus prononcé que dans celles de Saint-Jean-d'Angély, Saintes et Aigre. Ces crûs livrent au commerce des produits de La Rochelle, Aunis, Surgères, Mozé, Saint-Jean-d'Angely et île d'Oléron. Leur goût prononcé de terroir leur permet de bien supporter les différents esprits avec lesquels on les coupe souvent avant de les livrer au commerce.

Les eaux-de-vie de Cognac se distillent de deux manières différentes : l'une dit de premier jet et l'autre de deux chauffes successives.

La première est la plus économique et la plus prompte. Elle est d'introduction assez récente dans le pays. La seconde, qui est l'ancien système, est moins expéditive et plus coûteuse, mais fournit des eaux plus délicates et plus moelleuses.

On distille de 60° à 66° centésimaux, force supérieure à la plupart des eaux-de-vie de France ; mais le degré marchand de ces eaux est de 4 degrés Tessa ou 59° centésimaux. L'usage a établi que le commerce local paie aux propriétaires 5 pour 100 par degré Tessa au-dessus de 4 la surforce des eaux-de-vie, et le commerce reçoit lui-même des maisons étrangères auxquelles il livre ses produits, 5 pour 100 par 3° centésimaux au-dessus de 59°.

Les eaux-de-vie cognac se distinguent par leur délicatesse et la puissance de leur arome et la facilité d'assimilation dans les mélanges avec les alcools communs, ce qui a fait que les fraudeurs les ont mélangées d'abord avec les trois-six du Languedoc et de Montpellier, et plus tard avec les alcools du Nord et ceux de l'Angleterre. Il faut donc, pour être certain d'avoir ces liquides bien purs, s'adresser directement aux propriétaires ou à l'*association des propriétaires vinicoles*, qui a été fondée en 1853 pour ne livrer au commerce que des eaux-de-vie sans aucun mélange d'alcools étrangers ou d'eaux-de-vie autres que celles de Cognac.

Les eaux-de-vie de Cognac de la grande et de la petite champagne jouissent de cette intéressante propriété, suivant M. Charles Bonnemaison de Jonzac, c'est que chez elles la finesse se développe avec l'âge, tandis que le contraire a lieu pour les eaux-de-vie des premiers et des seconds bois. Aussi dit-on avec raison que chez ces dernières le goût de terroir se développe en vieillissant.

Toutefois, les eaux-de-vie de bois ont aussi des qualités qui leur sont propres et qui les font rechercher par le commerce. Elles sont plus vives, plus pénétrantes et vieillissent plus vite que les champagnes auxquelles on les associe le plus souvent.

2° On comprend, dans le département du Gers, sous la dénomination d'*Armagnac,* toute la partie occidentale de ce département jusqu'à la rivière de ce nom, et, d'après quelques négociants, jusqu'à la Baïse seulement et la partie du département des Landes limitrophe du Gers à l'ouest et au nord-est.

Dans ces limites, le commerce des eaux-de-vie a établi trois zônes territoriales :

1° Le Bas-Armagnac qui donne les produits supérieurs et qui comprend, dans le Gers, les cantons de Cazaubon et de Nogaro dans lesquels on distingue plus particulièrement encore les eaux-de-vie fabriquées dans les communes de Cazaubon, Hougа, Castex et Estang; et dans les Landes, les parties sud et sud-est du canton de Gabarret, entre autres les communes de Labastide d'Armagnac, de Créon, Lagrange et Purlebosсq.

Les eaux-de-vie du Bas-Armagnac ont une saveur agréable qui rappelle, dans ce qu'ils ont de plus subtil et de plus délicat, suivant les provenances, l'arôme de la prune d'Agen ou le parfum du coing mûri sous les latitudes favorables.

2° La zône intermédiaire entre le Haut et le Bas-Armagnac ou la Ténarèze produit le deuxième crû des eaux-de-vie d'Armagnac. Cette zône est formée du canton d'Eauze, de la partie ouest du canton de Montréal et de la partie du département de Lot-et-Garonne qui s'étend de Sos aux confins du Gers. On distingue particulièrement dans ces limites les crûs d'Eauze et de Castelnau d'Auzan.

A l'est, la Ténarèze est bornée par la petite rivière l'Auzoue qui traverse la vallée de Lanepax à Montréal.

Les eaux-de-vie de la Ténarèze sont d'un goût fin et très-agréable.

3° Le Haut-Armagnac commence à la partie est du canton de Montréal et comprend ceux de Condom, Valence, Vic-Fezensac, Jegun, partie seulement de celui de Montesquiou. Les meilleures eaux-de-vie de cette zône sont celles produites entre l'Auzoue et la Baïse.

Les eaux-de-vie du Haut-Armagnac participent aux qualités du Bas-Armagnac et de la Ténarèze, mais à un moindre degré; elles sont moins corsées, d'une sève moins prononcée, mais toujours fines et moelleuses.

Les eaux-de-vie d'Armagnac se distillent d'un seul jet à 52° centésimaux; tirées d'origine, elles sont en général pures de tout mélange.

D'autres points du Gers produisent encore de bonnes eaux-de-vie, mais qui ne sont pas classées dans le commerce, tels sont les cantons de Riscle, Aignan, Plaisance, Marciac, Mirande, Mielan, Montesquiou, Masseube, Auch, Fleurance, Lectoure.

3° Les eaux-de-vie de Montpellier sont des produits communs et qui ne possèdent que peu de finesse et un bouquet très-faible. Leur force varie entre 50° et 60° centésimaux. Elles proviennent surtout des départements de l'Hérault, de l'Aude et du Gard, et sont connues dans le commerce sous le nom d'esprit de Montpellier; Béziers et Pézenas sont les centres principaux de ce commerce.

Presque tous les pays de vignobles produisent des eaux-de-vie plus ou moins recherchées, suivant leur titre, leur finesse ou leur arome. C'est ainsi qu'on en fabrique dans l'Ardèche, l'Aude, les Bouches-du-Rhône, la Dordogne, le Gard, la Haute-Garonne, Loir-et-Cher, la Loire-Inférieure, Lot-et-Garonne, Lozère, Tarn et Var.

4° On n'extrait pas seulement de l'alcool du vin, il y a une foule d'autres substances susceptibles d'en fournir, de manière qu'on a rangé en trois classes les matières qui sont susceptibles d'en fournir.

1re *classe*. Matières ayant déjà subi la fermentation et renfermant l'alcool tout formé, tels que vins, marcs de raisin, bières, cidres, poirés, etc.

2e *classe*. Matières sucrées qui doivent subir une fermentation préalable, exemple, sirops, mélasses, sucres, fruits et racines sacchariféres, betteraves, navets, etc.

3e *classe*. Matières féculentes dont la saccharifition doit précéder la fermentation alcoolique. Cette classe renferme toutes les espèces de grains, céréales et légumineuses, ainsi que les tubercules et les racines succulents qui peuvent être soumis avec avantage à la distillation, tels sont : le seigle, l'orge, le froment, l'avoine, le maïs, le riz, les fèves, les fèverolles, les topinambours, les pommes de terre, etc.

Presque tous les pays de vignobles produisent des eaux-de-vie de marc, surtout l'ancien Languedoc, qui fournit des esprits de 3/6 que l'on mouille pour en faire des eaux-de-vie communes.

La Bourgogne, la Lorraine et la Champagne en distille aussi de grandes quantités.

Les esprits de marc ont en général une saveur âcre, pénétrante et une odeur qui est loin d'être agréable, et le plus souvent ils servent à faire des coupages ou mouillages qu'on vend sous le nom d'eau-de-vie de marc.

Les eaux-de-vie de cidre et de poiré dépendent, sous le rapport de la qualité, des matières premières qui ont servi à la préparation de cette boisson; mais, en général, elles possèdent une odeur forte et désagréable qui les font rejeter, la plupart du temps, des consommateurs, excepté en Normandie où on les préfère aux bonnes eaux-de-vie de vin.

On fait aussi des eaux-de-vie avec de la bière qui a une saveur prononcée de houblon, avec l'asphodèle, les figues, le sorgho, les carottes, les navets, rutabagas, les pois, les haricots, les fèves, les lentilles, les lichens, les dahlias, la garance.

Les alcools de mélasse ont une saveur plus douce et une odeur moins prononcée que ceux de vin, ou plutôt ils n'ont aucun goût spécial ou un arome particulier. Ces liquides, qui portent ordinairement, dans le commerce, le nom *d'esprits fins*, et qui marquent de 90° à 94° centésimaux, servent à la fabrication des liqueurs, à l'affinage des 3/6 de Montpellier, et au mouillage des eaux-de-vie communes.

Les alcools des betteraves peuvent, sous le rapport de la saveur et de l'odeur, différer entre eux, suivant le procédé qui a été employé pour les fabriquer; mais, en général, ils sont souillés par une huile essentielle qui leur communique une odeur forte et une âcreté particulière qui sert à les faire reconnaître; mais quand par des rectifications ou des procédés particuliers, on est parvenu à les dépouiller de cette odeur et de cette saveur, ils peuvent remplacer les alcools de vins dans toutes leurs applications.

Les alcools de grains et de pommes de terre, de topinambours, se distinguent, en général, par une odeur et une saveur particulières et éminemment désagréables, auxquelles on a donné le nom de *fusel*, et qui est due à une espèce d'alcool, matière âcre, huileuse, à laquelle les chimistes ont donné le nom d'*alcool amylique*. Du reste, suivant le mode suivi pour la fabrication de ces alcools, on peut obtenir des produits plus ou moins exempts de ces défauts et de quelques autres qu'on a observés dans les alcools bruts et faits sans soin de ces diverses matières premières.

Le genièvre n'est qu'une eau-de-vie de grains aromatisée avec des baies de genièvre.

L'eau-de-vie doit être bien limpide, très-blanche lorsqu'elle est nouvelle, un peu ambrée si elle est *rassie*, c'est-à-dire vieille de trois à quatre ans, et très-jaune si elle est vieille. Son goût doit être pur et agréable, dépouillée du léger coup de feu qu'elle possède lorsqu'elle vient d'être fabriquée, et qu'elle perd avec le temps.

L'eau-de-vie qu'on extrait des vins qui ont un goût de terroir, participe plus ou moins à ce défaut. On a cité, entre autres, sous ce rapport, les vins de Seyssuel en Dauphiné, qui donnent une eau-de-vie qui a l'odeur et la saveur de l'iris de Florence; les vins de Saint-Peray, en Vivarais, qui donnent une eau-de-vie à odeur de violette; les vins de Côte-Rôtie, qui ont le goût de pierre à fusil, etc. L'eau-de-vie d'Andaye est renommée par sa saveur et son arome anisé.

Un 3/6 *fin* ou *bon goût* doit être parfaitement pur, sans arome particulier et d'une parfaite limpidité.

Le 3/6 *mauvais goût* a une saveur empyreumatique, ou un goût de chaudière, ou un goût de marc, de betteraves ou autre produit par un mélange d'esprits fabriqués avec ces matières.

Pour mieux développer l'arome particulier de ces alcools mauvais goût, il faut, quand on les goûte, les étendre de moitié d'eau.

CHAPITRE III.

ALCOOMÉTRIE.

ARTICLE PREMIER.

Principes généraux.

On sait qu'un corps plongé dans un liquide est soumis à un effort de bas en haut égal au poids du volume liquide qu'il a déplacé, ce qu'on exprime en disant que ce corps perd dans ce liquide une partie de son poids égale au poids du liquide déplacé.

Le poids spécifique ou la densité d'un corps est un nombre qui exprime combien ce corps pèse à volume égal comparativement à l'eau distillée à la température de 4° du thermomètre centésimal. Ainsi, la densité de l'alcool absolu est 0,7939, ce qui veut dire, par exemple, qu'un litre de cet alcool pèse 793 gr.9, dans les mêmes circonstances où un litre d'eau pèse 1000 grammes ou 1 kilogramme.

On détermine la densité d'un corps en cherchant le poids d'un certain volume et le divisant par le poids du même volume d'eau, le quotient est la densité cherchée ou le poids spécifique de ce corps.

L'alcoométrie est basée toute entière sur les propriétés suivantes de l'alcool.

La densité de l'alcool absolu, dont la formule chimique est $C^4 H^6 O^2$, est à la température de 15° C., égale à 0,7939; la densité de l'eau étant 1,000.

Lorsqu'on mélange de l'eau et de l'alcool, il y a une contraction très-sensible du mélange qui peut s'élever à 3,50 pour 100 de son volume quand on emploie 53,7 parties d'eau et 49,8 parties d'alcool. C'est sur ces données que reposent, en général, les procédés ou les appareils qui ont été proposés tant pour s'assurer de la richesse des alcools de tous les degrés de force et à toutes les températures et les moyens pour produire les alcools et les esprits des eaux-de-vie à tous les titres.

Plusieurs physiciens se sont occupés de la détermination de la densité de l'alcool absolu et de son mélange avec différentes proportions d'eau. Le premier qui ait entrepris des recherches sérieuses à ce sujet est Gilpin qui, de 1790 à 1794, fit de nombreuses expériences qui ont servi aux calculs de Tralles. Plus tard, Gay-Lussac reprit la question à l'occasion de l'établissement de son alcoomètre centésimal, et y apporta le soin et la précision qu'il mettait dans toutes ses expériences. Enfin, ce sujet qui a fait l'objet d'une controverse pendant près d'un siècle, paraît aujourd'hui parfaitement établi par les calculs de M. Pouillet, ainsi que par les expériences récentes de M. Baumhauer et de M. Kuppfer.

Dans le tableau suivant, nous ferons connaître les densités trouvées par les expériences de ces divers savants, sur des mélanges en volume de 5 en 5 d'alcool pour 100 d'eau. Les densités de Gilpin et de Gay-Lussac, prises à 15° C., sont rapportées à l'eau à la température de 15° C. et celle de M. Baumhauer à cette même température de 15°, mais à celle de l'eau, au maximum de densité; et on voit que l'accord est complet, puisque les différences à 15° sont en général comprises entre 2 et 3 millièmes.

POIDS d'alcool pour 100 de mélange	DENSITÉ à 15° rapportée à l'eau au maximum de densité. — Baumhauer.	DENSITÉS A 15 DEGRÉS rapportées à l'eau à 15 degrés.		
		Baumhauer.	Gay-Lussac.	Gilpin.
100	0.7941	0.7948	0.7947	»
95	0.8089	0.8096	0.8093	»
90	0.8225	0.8232	0.8232	0.8232
85	0.8357	0.8364	0.8363	0.8362
80	0.8484	0.8491	0.8488	0.8487
75	0.8602	0.8610	0.8610	0.8608
70	0.8720	0.8728	0.8729	0.8727
65	0.8838	0.8846	0.8847	0.8845
60	0.8954	0.8962	0.8963	0.8962
55	0.9068	0.9076	0.9077	0.9075
50	0.9179	0.9187	0.9188	0.9187
45	0.9288	0.9296	0.9296	0.9295
40	0.9387	0.9395	0.9398	0.9397
35	0.9482	0.9490	0.9493	0.9492
30	0.9569	0.9577	0.9578	0.9578
25	0.9642	0.9650	0.9652	0.9653
20	0.9706	0.9715	»	0.9721
15	0.9766	0.9775	»	0.9776
10	0.9830	0.9839	»	0.9840
5	0.9903	0.9912	»	0.9913

Les appareils qui sont en usage ou qu'on a décrits pour mesurer le richesse des alcools sont très-variés et portent les noms d'aréomètres, pèse-esprit, spiritomètres, densimètres, alcoomètres, ébullioscopes, etc.

§ 1er. ARÉOMÈTRES OU PÈSE-ESPRITS.

Ces instruments sont basés sur ce principe que plus l'alcool est concentré ou rectifié, plus il est léger et moins il est propre à supporter ces instruments, qui doivent s'y enfoncer d'autant plus que la liqueur est plus riche en alcool. Mais comme la chaleur dilate tous les liquides, on doit tenir compte de la températere de l'alcool, parce qu'il est bien démontré que ces liquides ainsi dilatés occupent un plus grand volume et diminuent ainsi le poids spécifique; il est donc évident que l'instrument doit s'enfonçer d'autant plus dans la liqueur, que sa température sera plus élevée, sans cependant que sa spiritusoité soit plus forte. On a satisfait à ces conditions en tenant compte du dégré alcoométrique et du degré thermométrique, et l'on a même dressé des tables de correction très-utiles. Nous en donnerons des exemples.

On distingue deux sortes d'aréomètres : 1° les aréomètres à poids variable et à volume constant; 2° les aréomètres à poids constant et à volume variable.

On n'emploie guère en alcoométrie les aréomètres de la première sorte, tandis que ceux de la seconde sont d'un usage constant pour la mesure de la richesse des alcools. Les principaux aréomètres de ce genre employés dans le commerce sont ceux de Baumé, de Cartier et l'alcoomètre de Gay-Lussac.

1. *Aréomètre de* BAUMÉ.

Tout le monde connaît la nature et la forme des pèse-liqueurs; nous n'aurons donc à parler que du principe sur lequel est fondé celui de Baumé.

On fait une solution de 10 parties de chlorure de sodium (sel marin) dans 90 parties d'eau distillée, et on y plonge l'aréomètre; on marque 0 le point jusqu'où il est enfoncé; on le porte ensuite dans l'eau distillée, et l'on marque également le point d'affleurement qu'on nomme 10; l'on divise alors les deux affleurements en 10 parties égales que l'on continue de porter avec un compas jusqu'au haut de la tige.

La table suivante donne la correspondance entre les degrés du pèse-esprit de Baumé et le poids spécifique des liquides, la température étant entre 18°5 et 15°5. Ce calcul a été fait par les docteurs Bruymann, Driessens, etc., formant le comité chargé de compiler la pharmacopée batave. Il serait à désirer qu'un semblable travail fût fait pour tous les autres esprits.

Degrés de l'aréomètre Baumé.	Poids spécifique correspondant.
50	0.782
49	0.787
48	0.792
47	0.796
46	0.800
45	0.805

Degrés de l'aréomètre Baumé.	Poids spécifique correspondant.
44.	0.810
43.	0.814
42.	0.820
41.	0.823
40.	0.828
39.	0.832
38.	0.837
37.	0.842
36.	0.847
35.	0.852
34.	0.858
33.	0.863
32.	0.868
31.	0.873
30.	0.878
29.	0.884
28.	0.889
27.	0.895
26.	0.900
25.	0.906
24.	0.911
23.	0.917
22.	0.923
21.	0.929
20.	0.935
19.	0.941
18.	0.948
17.	0.954
16.	0.961
15.	0.967
14.	0.974
13.	0.980
12.	0.987
11.	0.993
10.	1.000

La formule suivante, que nous empruntons à Francœur, donnera la correspondance du poids spécifique d'un liquide avec son degré au pèse-esprit de Baumé. Les résultats qu'on obtient diffèrent de ceux donnés par la table.

Soit p le poids spécifique, et d le degré du pèse-esprit, on a

$$p = \frac{146}{136} + d$$

Supposons, par exemple, qu'on demande le poids spécifique d'un liquide marquant 30 au pèse-esprit : ici d égale 39, et la formule qui devient

$$p = \frac{146}{136} + 30 = \frac{146}{166}$$

donne pour résultat 0,8795, au lieu de 0,8780, indiqué par notre table. Comme on se trouve souvent obligé de convertir les degrés de l'aréomètre de Baumé et ceux de l'aréomètre de Cartier, et réciproquement, nous donnerons aussi la relation suivante entre ces deux appareils :

Soit C le nombre de degrés de Cartier,

B, celui correspondant de Baumé, on a

$$16\,C = 15\,B + 22$$

Mais ces rapports ne sont pas exacts, et nous donnerons plus loin une table plus précise du rapport entre ces deux instruments.

2. *Aréomètre de* Cartier.

Cet instrument se compose d'une boule de verre, creuse, renfermant un peu de mercure qui sert de lest à l'instrument, et surmontée d'une tige aussi de verre, et creuse, dans laquelle est enfermée une échelle graduée. Le lest est calculé de manière à ce que l'instrument, étant plongé dans l'eau pure, n'en déplace qu'un très-petit volume, et n'y enfonce que jusqu'à la naissance de la tige; ce point, qui sert de base à l'échelle, est marqué par dix degrés; si on le plonge ensuite dans un liquide beaucoup plus léger que le premier, dans de l'alcool le plus pur que l'on soit parvenu à obtenir, l'instrument ayant beaucoup moins de peine à le déplacer, y enfoncera presque jusqu'au haut de la tige. Ce point, qui est le plus élevé de l'échelle, est marqué par quarante-deux, et l'espace intermédiaire entre celui-ci et celui d'en bas, est partagé en trente-deux portions égales.

En sorte que toutes les fois qu'on plonge le pèse-liqueur dans un liquide spiritueux, c'est-à-dire dans un mélange d'eau et d'alcool pur, il s'y enfoncera d'autant plus que la pesanteur spécifique du mélange, comparée à celle de l'eau, sera moins considérable. Or, comme la pesanteur spécifique de l'alcool à 42°, par exemple, est à celle de l'eau comme 793 est à 1000, il s'ensuit que, plus la liqueur contiendra d'alcool, plus elle marquera un degré élevé sur l'échelle de l'aréomètre, parce qu'elle sera en même temps spécifiquement plus légère.

Les personnes les moins instruites en physique n'ignorent pas que chaque changement de température apporte des changements notables dans le volume de tous les corps, c'est-à-dire qu'ils se dilatent par la chaleur et se resserrent par le froid.

Les liqueurs spiritueuses étant, comme tous les autres corps, soumises à cette loi immuable, il est clair que leur titre ne sera plus le même quand elle passeront d'une température à une autre. En effet, puisque 914 grammes d'eau-de-vie à 22 degrés occupent, à la tempépature de 10 degrés, la capacité d'un décimètre cube, la même quantité augmentera de volume à mesure que la température s'élèvera; or, comme cette augmentation ne pourra avoir lieu qu'aux dépens du poids spécifique de l'eau-de-vie, c'est-à-dire que celle-ci diminuera dans la même proportion, et le pèse-esprit plongeant d'autant plus que la liqueur est plus dense, l'eau-de-vie marquera un degré plus élevé que celui qu'elle doit réellement avoir, à mesure que la température augmentera.

L'expérience a appris que chaque variation de température de 5 degrés Réaumur donne à l'alcool un degré de plus ou de moins du pèse-liqueur de Cartier. Il faut à peu près 10 degrés pour l'eau-de-vie de commerce. Pour obvier aux inconvénients qui résulteraient de ces phénomènes, on stipule, dans les transactions commerciales, que le titre de l'eau-de-vie sera pris au *tempéré*, c'est-à dire sous la température de 10 degrés Réaumur (12°50 C.). C'est cette température moyenne qui a servi de base à la graduation de l'échelle du pèse-esprit de Cartier.

En sorte qu'une eau-de-vie qui marquerait 24 degrés ou 900 de poids spécifique, le thermomètre étant à 20 degrés Réaumur, n'aurait réellement que 23 degrés et pèserait 907 grammes au litre. Le contraire aurait lieu à la température de la glace fondante, c'est-à-dire qu'alors cette même eau-de-vie ne donnerait que 22 degrés au pèse-liqueur, quoiqu'elle en eût réellement 23.

Mais on n'a pas tardé à s'apercevoir que cette correction n'était pas applicable à toutes les températures, et qu'à mesure que ces eaux-de-vie devenaient plus faibles, il fallait diminuer la correction de température; on a donc adopté l'échelle suivante.

Pour chaque degré du thermomètre de Réaumur, supérieur à 12°, on retranche de la force apparente à savoir :

Avec les esprits de 38° à 36° Cartier,	1/5	de degré.
Avec les esprits de 35° à 30° id.	1/6	—
Avec les eaux-de-vie de 20 à 18 id.	1/8	—
Avec les eaux-de-vie faibles	1/9	—

Ainsi pour un esprit dont la richesse apparente à l'aréomètre de Cartier serait 38° à la température de 20° Réaumur ou 8° au-dessus de 12° R., on aurait, d'après ce mode de calcul, pour sa richesse réelle :

$$38^\circ - 8/5^\circ = 38^\circ - 1^\circ 60 = 36^\circ 40$$

Or, 38° Cartier correspondent à 92°7 centésimaux.
36°40 — à 90°2.
20° Réaumur — à 25° centigrades.

Dans ces conditions, la table de conversion de la richesse apparente en richesse réelle que nous publions plus loin, donne pour celle-ci 88°67. La règle indiquée est donc en erreur de 1°53 centésimal, ce qui est considérable.

Mais ce n'est pas tout : puisque ces variations

accidentelles, dans le titre des eaux-de-vie, ne sont que le résultat des variations de volumes qu'elles éprouvent, il est évident que celui qui croira acheter, le thermomètre étant à 20 degrés, 100 litres pleins d'eau-de-vie réduite à son taux réel de 22 degrés, n'aura pas encore son compte, puisqu'elle diminuera de volume à mesure que le thermomètre baissera. Cette diminution peut être évaluée à 9 millièmes, ou près de 1 pour 100 pour 10 degrés de température. Mais dans le commerce, on n'est pas dans l'usage de tenir compte de ces différences, et c'est tant pis pour l'acheteur s'il prend livraison dans un moment trop chaud.

La manière de faire usage du pèse-esprit de Cartier consiste à le plonger dans l'éprouvette qui lui sert d'étui, après qu'on l'a remplie de liqueur à essayer; quand on opère en grand, on plonge le thermomètre dans le tonneau qui la contient. Le chiffre où l'instrument s'enfonce est le degré aréométrique de la liqueur, ou, si l'on veut, son degré de spirituosité. Mais comme on est convenu de prendre sa température à 10° R., on doit ajouter ou déduire un degré au pèse-liqueur, pour 5 ou 10 degrés en plus ou moins du thermomètre.

Table des pesantéurs spécifiques des eaux-de-vie de divers degrés.

Degrés de l'aréomètre Cartier.	Poids spécifique en grammes.
10.	1.000
11.	1.000
12.	0.990
13.	0.981
14.	0.973

Degrés de l'aréomètre Cartier.	Poids spécifique en grammes.
15.	0.965
16.	0.958
17.	0.950
18.	0.943
19.	0.935
20.	0.928
21.	0.921
22.	0.914
23.	0.907
24.	0.900
25.	0.893
26.	0.886
27.	0.880
28.	0.873
29.	0.867
30.	0.861
31.	0.855
32.	0.848
33.	0.842
34.	0.837
35.	0.831
36.	0.825
37.	0.820
38.	0.814
39.	0.808
40.	0.802
41.	0.797
42.	0.792

Cette table nous paraît plus facile à consulter que la précédente, elle est d'ailleurs bien calculée. Ainsi le degré 42 indique l'alcool absolu exprimé pour le poids spécifique 0.792 qui est celui qui a été indiqué par Richter, à la température de 20° C., et par Gay-Lussac, à celle de 17°18.

3. *Aréomètres divers.*

L'aréomètre de Tessa, dont on fait usage dans la Charente et auquel on donne le nom d'*éprouvette*, est gradué à la température de 10° Réaumur (12°5 centigrades). Il porte avec lui un thermomètre Réaumur. Cet instrument, établi et gradué sur des principes mal contrôlés, sert à propager la confusion qui existe entre les divers aréomètres. Il est divisé en 17 degrés, partagés chacun en 8 parties. C'est le seul en usage sur la place de Cognac, et le seul connu des propriétaires des Charentes. Chaque degré de son échelle, dans le voisinage d'une température modérée, équivaut à peu près à 3° de l'alcoomètre centésimal de Gay-Lussac.

L'aréomètre de Bories, fort usité dans l'ancienne Provence, présente, suivant les localités ou les constructeurs, des variations dans sa graduation, qui en font un instrument qu'on doit rejeter et remplacer par l'alcoomètre centésimal.

Du reste, on comprend que les aréomètres ne donnent qu'un nombre abstrait et arbitraire qui varie d'un aréomètre à l'autre, suivant le principe adopté pour sa graduation, et qu'il convient de les abandonner entièrement dans le commerce des esprits et des eaux-de-vie, et de les remplacer par les alcoomètres qui donnent immédiatement, et par une simple lecture, la richesse alcoolique d'un liquide.

Voici, en attendant que nous donnions une table de conversion entre les indications des aréomètres et de l'alcoomètre, quelques correspondances de degrés pour les liquides alcooliques les plus répandus dans le commerce.

	Alcoomètre de Gay-Lussac.	Aréomètre de Cartier.
Alcool absolu ou anhydre. .	100°	44°
Esprit rectifié de betteraves, de fécule, de grain.	94.1	39
Esprit de betteraves.	89.6	36
Esprit 3/6 de Montpellier . .	84.4	33
Eau-de-vie (preuve de Londres) très-forte.	64.2	24
Id. (preuve de Hollande). .	58.7	22
Id. faible..	51	19.5
Id. double Cognac..	52.5	20
Id. commune de campagne.	49.1	19
Id. faible..	45.1	18

§ 2. ALCOOMÈTRES.

Nous avons dit plus haut que les liqueurs spiritueuses connues sous les noms d'eau-de-vie, d'alcool, de rhum, de tafia, etc., étaient des composés à proportions variables d'eau et d'alcool très-pur dit *alcool absolu*. Ainsi, leur valeur commerciale est en raison directe de la quantité d'alcool que chacune de ces liqueurs contient. Cette connaissance est de la plus haute importance pour le négociant, la régie et le débitant.

On a proposé divers alcoomètres à échelle centésimale, et les plus répandus sont celui de Tralles dont on fait principalement usage en Allemagne, et celui de Gay-Lussac, usité généralement en France, où son emploi légal a été sanctionné par une loi.

L'alcoomètre de Tralles ne diffère de celui de

Gay-Lussac que par la température à laquelle ces deux appareils ont été gradués. L'alcoomètre de Tralles est gradué à la température de 15°6 C., et celui de Gay-Lussac à la température de 15° C. C'est-à-dire que l'un de ces physiciens a adopté 15°6 C. pour la température normale à laquelle on doit constater la force réelle des liquides spiritueux, et l'autre celle de 15° C.

Il en résulte que le rapport de l'alcool en volume est pour l'alcoomètre de Gay-Lussac, un peu plus petit, puisque l'alcool se dilate un peu plus par la chaleur que l'eau, et que dans les mélanges d'alcool et d'eau les différences sont un peu plus sensibles; mais la dilatation de l'alcool entre 15° et 15°6 est si faible que dans la pratique on peut très-bien employer l'un ou l'autre de ces alcoomètres, sans commettre d'erreur appréciable sous le rapport des prix.

Nous allons donc nous borner à décrire l'alcoomètre de Gay-Lussac et la manière d'en faire usage.

Pour déterminer la quantité d'alcool d'une liqueur spiritueuse, Gay-Lussac a donc pris pour terme de comparaison l'alcool pur, en volume à la température de 15° C., ou 12 R., et il représente la force par 100 *centièmes* ou par l'unité. En conséquence, la force d'un liquide alcoométrique est le nombre de centièmes en volume d'alcool pur, que ce liquide renferme à la température de 15°.

1° *Alcoomètre de* Gay-Lussac.

L'instrument que Gay-Lussac a nommé *alcoo-*

mètre centésimal est, quant à la forme, un aréomètre ordinaire; il est gradué à la température de 15° C. Son échelle est divisée en 100 parties ou degrés, dont chacune représente un centième d'alcool. Plongé dans un liquide spiritueux à 15° C. il en fait connaître aussitôt la *force*. Par exemple, si, dans une eau-de-vie à 15° C., il s'enfonce jusqu'à la division 60, il annonce qu'elle contient 60 centièmes de son volume d'alcool pur; s'il s'enfonçait jusqu'à 80, il en indiquerait 80 centièmes, etc., les degrés de cet alcoomètre indiquant des centièmes d'alcool en volume. Gay-Lussac les nomme *degrés centésimaux*, et il les écrit en plaçant, à droite et au-dessus du nombre des unités qui les exprime, la lettre C, initiale du mot centésimal.

Pour faciliter l'usage de son alcoomètre centésimal, Gay-Lussac avait rédigé une instruction propre à faire connaître le mode de correction qu'il faut apporter aux indications de l'instrument lorsque les liquides spiritueux sont au-dessus ou au-dessous de 15° C., et donne une table servant à calculer la force réelle de ces liquides d'après leur force apparente en les ramenant à la température de 15°, ainsi qu'une table de mouillage, c'est-à-dire des quantités d'eau qu'il faut ajouter aux alcools pour en faire des eaux-de-vie d'un degré inférieur quelconque.

Les tables de Gay-Lussac, calculées avec le soin que ce chimiste-physicien apportait dans tous ses travaux, laissaient, depuis quelque temps, des doutes sur la rigueur et la précision de leurs indications, et les progrès de la science ainsi que l'extrême délicatesse qu'on apporte aujourd'hui dans les manipulations ont permis d'entreprendre de nouveaux travaux sur l'alcoométrie, et de donner aux résultats un plus haut degré d'exactitude et de rigueur. Nous avons donc renoncé aux tables de Gay-Lussac, et nous les avons remplacées par d'autres fondées sur des travaux plus récents et surtout sur ceux fort étendus sur ce sujet, qu'on doit à M. A. Th. Kupffer, de Saint-Pétersbourg. Nos tables, non-seulement rectifient les données de Gay-Lussac, mais présentent une disposition différente en même temps que plus d'étendue, par exemple, celle de la recherche de la force réelle qui a été poussée jusqu'à —10° C., tandis que celle de Gay-Lussac ne commencerait qu'à 0°, comme si le commerçant en alcools et esprits devait renoncer à toute transaction sur ces liquides pendant les mois froids de l'année.

On trouvera à la page 36 la table servant à trouver la richesse alcoolique vraie ou la force réelle des alcools, d'après leur force apparente à la température normale de 12° R. (15° C.)

2. *Mode d'application de l'alcoomètre.*

Avant d'expliquer la manière dont on fait usage de cette table, indiquons la manière dont on constate le titre d'un liquide spiritueux ou dont on se sert de l'alcoomètre.

L'expérience a démontré qu'il arrive assez souvent, soit par suite de mélanges d'alcools de forces diverses, soit par toute autre cause, que l'alcool n'est pas au même titre dans toute la hauteur d'un fût, que ce liquide est parfois à un titre plus élevé dans le haut qu'au milieu et dans le bas. Pour lever un échantillon moyen, il faut donc prendre, à l'aide d'une pompe de fond ou de trous de faussets pratiqués à diverses hauteurs, trois échantillon qu'on mélange parfaitement ensemble pour avoir cet échantillon moyen.

Cela fait, on verse cet échantillon dans une éprouvette en verre, on y plonge un thermomètre centigrade bien sensible et on constate la température du liquide.

Alors, on prend l'alcoomètre, et pour le débarrasser des matières grasses dont la main ou autre cause aurait pu l'enduire, et qui l'empêcherait de s'enfoncer au point réel de son échelle, on le lave avec un peu d'alcool, on l'essuie avec un linge propre, puis on l'introduit doucement dans le liquide de l'éprouvette où on le laisse descendre peu à peu jusqu'à ce qu'il cesse de s'enfoncer. Pour plus de sûreté, on le fait même descendre à la main au-delà du point où il s'est enfoncé, et on le laisse remonter de lui-même. Après deux immersions de ce genre, on l'abandonne jusqu'à ce qu'il soit revenu au repos, et alors on lit sur son échelle le degré auquel il s'est arrêté, c'est-à-dire au niveau du liquide.

On est alors en possession des données nécessaires pour calculer la force réelle du liquide, ou sa spirituosité.

3. *Usage de la table des richesses réelles.*

Voyons maintenant comment on fait usage de la table que nous venons de présenter.

Disons en premier lieu que dans toutes les transactions sur les liquides spiritueux, il est de toute justice et parfaitement équitable, abstraction faite de leurs qualités particulières, de ne payer que l'alcool qu'ils contiennent et non pas l'eau qui sert à les étendre et qui est sans valeur. En conséquence, il s'agit avant tout de rechercher quelle est la force, c'est-à-dire la proportion en alcool que renferme un liquide de ce genre ; c'est cette indication que fournit directement l'alcoomètre quand on lit sur son échelle le degré auquel il s'enfonce dans un liquide de ce genre.

Mais l'alcoomètre ne donne cette force que pour 100 litres, et quand il s'agit d'une autre quantité de liquide, il faut faire une règle de trois (1) pour connaître la proportion d'alcool que celui-ci renferme, ou plutôt, il suffit de multiplier le volume du liquide par le degré marqué par l'alcoomètre, mais en supposant ce liquide à la température de 15° C.

Supposons, par exemple, en premier lieu, une pipe d'alcool d'une contenance de 894 litres dont le titre mesuré à l'alcoomètre s'est trouvé être de 84° centésimaux, on fera le calcul comme il suit :

$$\begin{array}{r} 894 \\ 84 \\ \hline 3576 \\ 7152 \\ \hline 75096 \end{array}$$

(1) Ainsi, dans l'exemple donné plus bas, on dira : 100 : 84,6 : : 894 : x, d'où l'on tire $x = \frac{894 \times 84,6}{100}$.

Retranchant deux chiffres décimaux par une virgule, reste 750,96 qui indique que les 894 litres du titre de 84 renferment 750 lit.96 d'alcool absolu.

S'il y avait des fractions de titre ou de degré, on commencerait par séparer autant de chiffres décimaux qu'il y en aurait au multiplicande et au multiplicateur, puis encore deux nouveaux chiffres pour avoir le titre réel.

Soit ainsi une pièce d'eau-de-vie de 582 lit.25 marquant 56°5 à l'alcoomètre, on opèrera comme il suit :

$$\begin{array}{r} 582.25 \\ 56.5 \\ \hline 291125 \\ 349350 \\ 291125 \\ \hline 32897.125 \end{array}$$

Retranchant d'abord les trois chiffres décimaux du multiplicande et du multiplicateur, puis séparant encore deux autres chiffres, il restera 328 lit.97 pour la quantité réelle d'alcool à 15° C. que renferme la pièce.

Passons maintenant au problème où il s'agit de constater la force réelle d'un liquide spiritueux dont la température est au-dessus ou au-dessous de celle de 15°, c'est-à-dire qu'il s'agit de chercher ce que l'aréomètre marquerait si ce liquide était ramené à cette température de 15°.

Pour cela, reprenons l'exemple ci-dessus et supposons que les échantillons qu'on a levés sur la pipe de 894 litres ne marquent plus 15° C. dans l'é-

TABLE DE LA RICHESSE DES ALCOOLS

OU DE LEUR FORCE RÉELLE

A LA TEMPÉRATURE NORMALE DE 12 DEGRÉS REAUMUR OU 15 DEGRÉS CENTIGRADES

DÉDUITE DE LA FORCE APPARENTE

QU'ILS MARQUENT A L'ALCOOMÈTRE CENTÉSIMAL EN VERRE, A DIVERSES TEMPÉRATURES.

(On suppose que la dilatation cubique du verre est de 0,000026 pour chaque degré du thermomètre de Réaumur.)

TEMPÉRATURE en degrés		FORCE APPARENTE EN DEGRÉS CENTÉSIMAUX																																																																
Réaumur.	Centigrades.	35°	36°	37°	38°	39°	40°	41°	42°	43°	44°	45°	46°	47°	48°	49°	50°	51°	52°	53°	54°	55°	56°	57°	58°	59°	60°	61°	62°	63°	64°	65°	66°	67°	68°	69°	70°	71°	72°	73°	74°	75°	76°	77°	78°	79°	80°	81°	82°	83°	84°	85°	86°	87°	88°	89°	90°	91°	92°	93°	94°	95°	96°	97°	98°	99°	100°
8	—10 »	[illegible]	[illegible]	[illegible]	[illegible]	[illegible]	[illegible]	[illegible]	[illegible]	[illegible]	[illegible]	[illegible]	[illegible]	[illegible]	[illegible]	[illegible]	[illegible]	[illegible]	[illegible]	[illegible]	[illegible]	[illegible]	[illegible]	[illegible]	[illegible]	[illegible]	[illegible]	[illegible]	[illegible]	[illegible]	[illegible]	[illegible]	[illegible]	[illegible]	[illegible]	[illegible]	[illegible]	[illegible]	[illegible]	[illegible]	[illegible]	[illegible]	[illegible]	[illegible]	[illegible]	[illegible]	[illegible]	[illegible]	[illegible]	[illegible]	[illegible]	[illegible]	[illegible]	[illegible]	[illegible]	[illegible]	[illegible]	[illegible]	[illegible]	[illegible]	[illegible]	[illegible]	[illegible]	[illegible]	[illegible]	[illegible]	[illegible]
7	8.75	[illegible]	[illegible]	[illegible]	[illegible]	[illegible]	[illegible]	[illegible]	[illegible]	[illegible]	[illegible]	[illegible]	[illegible]	[illegible]	[illegible]	[illegible]	[illegible]	[illegible]	[illegible]	[illegible]	[illegible]	[illegible]	[illegible]	[illegible]	[illegible]	[illegible]	[illegible]	[illegible]	[illegible]	[illegible]	[illegible]	[illegible]	[illegible]	[illegible]	[illegible]	[illegible]	[illegible]	[illegible]	[illegible]	[illegible]	[illegible]	[illegible]	[illegible]	[illegible]	[illegible]	[illegible]	[illegible]	[illegible]	[illegible]	[illegible]	[illegible]	[illegible]	[illegible]	[illegible]	[illegible]	[illegible]	[illegible]	[illegible]	[illegible]	[illegible]	[illegible]	[illegible]	[illegible]	[illegible]	[illegible]	[illegible]	[illegible]
6	7.50	[illegible]	[illegible]	[illegible]	[illegible]	[illegible]	[illegible]	[illegible]	[illegible]	[illegible]	[illegible]	[illegible]	[illegible]	[illegible]	[illegible]	[illegible]	[illegible]	[illegible]	[illegible]	[illegible]	[illegible]	[illegible]	[illegible]	[illegible]	[illegible]	[illegible]	[illegible]	[illegible]	[illegible]	[illegible]	[illegible]	[illegible]	[illegible]	[illegible]	[illegible]	[illegible]	[illegible]	[illegible]	[illegible]	[illegible]	[illegible]	[illegible]	[illegible]	[illegible]	[illegible]	[illegible]	[illegible]	[illegible]	[illegible]	[illegible]	[illegible]	[illegible]	[illegible]	[illegible]	[illegible]	[illegible]	[illegible]	[illegible]	[illegible]	[illegible]	[illegible]	[illegible]	[illegible]	[illegible]	[illegible]	[illegible]	[illegible]
5	6.25	[illegible]	[illegible]	[illegible]	[illegible]	[illegible]	[illegible]	[illegible]	[illegible]	[illegible]	[illegible]	[illegible]	[illegible]	[illegible]	[illegible]	[illegible]	[illegible]	[illegible]	[illegible]	[illegible]	[illegible]	[illegible]	[illegible]	[illegible]	[illegible]	[illegible]	[illegible]	[illegible]	[illegible]	[illegible]	[illegible]	[illegible]	[illegible]	[illegible]	[illegible]	[illegible]	[illegible]	[illegible]	[illegible]	[illegible]	[illegible]	[illegible]	[illegible]	[illegible]	[illegible]	[illegible]	[illegible]	[illegible]	[illegible]	[illegible]	[illegible]	[illegible]	[illegible]	[illegible]	[illegible]	[illegible]	[illegible]	[illegible]	[illegible]	[illegible]	[illegible]	[illegible]	[illegible]	[illegible]	[illegible]	[illegible]	[illegible]
4	5 »	[illegible]	[illegible]	[illegible]	[illegible]	[illegible]	[illegible]	[illegible]	[illegible]	[illegible]	[illegible]	[illegible]	[illegible]	[illegible]	[illegible]	[illegible]	[illegible]	[illegible]	[illegible]	[illegible]	[illegible]	[illegible]	[illegible]	[illegible]	[illegible]	[illegible]	[illegible]	[illegible]	[illegible]	[illegible]	[illegible]	[illegible]	[illegible]	[illegible]	[illegible]	[illegible]	[illegible]	[illegible]	[illegible]	[illegible]	[illegible]	[illegible]	[illegible]	[illegible]	[illegible]	[illegible]	[illegible]	[illegible]	[illegible]	[illegible]	[illegible]	[illegible]	[illegible]	[illegible]	[illegible]	[illegible]	[illegible]	[illegible]	[illegible]	[illegible]	[illegible]	[illegible]	[illegible]	[illegible]	[illegible]	[illegible]	[illegible]
3	3.75	[illegible]	[illegible]	[illegible]	[illegible]	[illegible]	[illegible]	[illegible]	[illegible]	[illegible]	[illegible]	[illegible]	[illegible]	[illegible]	[illegible]	[illegible]	[illegible]	[illegible]	[illegible]	[illegible]	[illegible]	[illegible]	[illegible]	[illegible]	[illegible]	[illegible]	[illegible]	[illegible]	[illegible]	[illegible]	[illegible]	[illegible]	[illegible]	[illegible]	[illegible]	[illegible]	[illegible]	[illegible]	[illegible]	[illegible]	[illegible]	[illegible]	[illegible]	[illegible]	[illegible]	[illegible]	[illegible]	[illegible]	[illegible]	[illegible]	[illegible]	[illegible]	[illegible]	[illegible]	[illegible]	[illegible]	[illegible]	[illegible]	[illegible]	[illegible]	[illegible]	[illegible]	[illegible]	[illegible]	[illegible]	[illegible]	[illegible]
2	2.50	[illegible]	[illegible]	[illegible]	[illegible]	[illegible]	[illegible]	[illegible]	[illegible]	[illegible]	[illegible]	[illegible]	[illegible]	[illegible]	[illegible]	[illegible]	[illegible]	[illegible]	[illegible]	[illegible]	[illegible]	[illegible]	[illegible]	[illegible]	[illegible]	[illegible]	[illegible]	[illegible]	[illegible]	[illegible]	[illegible]	[illegible]	[illegible]	[illegible]	[illegible]	[illegible]	[illegible]	[illegible]	[illegible]	[illegible]	[illegible]	[illegible]	[illegible]	[illegible]	[illegible]	[illegible]	[illegible]	[illegible]	[illegible]	[illegible]	[illegible]	[illegible]	[illegible]	[illegible]	[illegible]	[illegible]	[illegible]	[illegible]	[illegible]	[illegible]	[illegible]	[illegible]	[illegible]	[illegible]	[illegible]	[illegible]	[illegible]
1	1.25	[illegible]	[illegible]	[illegible]	[illegible]	[illegible]	[illegible]	[illegible]	[illegible]	[illegible]	[illegible]	[illegible]	[illegible]	[illegible]	[illegible]	[illegible]	[illegible]	[illegible]	[illegible]	[illegible]	[illegible]	[illegible]	[illegible]	[illegible]	[illegible]	[illegible]	[illegible]	[illegible]	[illegible]	[illegible]	[illegible]	[illegible]	[illegible]	[illegible]	[illegible]	[illegible]	[illegible]	[illegible]	[illegible]	[illegible]	[illegible]	[illegible]	[illegible]	[illegible]	[illegible]	[illegible]	[illegible]	[illegible]	[illegible]	[illegible]	[illegible]	[illegible]	[illegible]	[illegible]	[illegible]	[illegible]	[illegible]	[illegible]	[illegible]	[illegible]	[illegible]	[illegible]	[illegible]	[illegible]	[illegible]	[illegible]	[illegible]
0	0 »	[illegible]	[illegible]	[illegible]	[illegible]	[illegible]	[illegible]	[illegible]	[illegible]	[illegible]	[illegible]	[illegible]	[illegible]	[illegible]	[illegible]	[illegible]	[illegible]	[illegible]	[illegible]	[illegible]	[illegible]	[illegible]	[illegible]	[illegible]	[illegible]	[illegible]	[illegible]	[illegible]	[illegible]	[illegible]	[illegible]	[illegible]	[illegible]	[illegible]	[illegible]	[illegible]	[illegible]	[illegible]	[illegible]	[illegible]	[illegible]	[illegible]	[illegible]	[illegible]	[illegible]	[illegible]	[illegible]	[illegible]	[illegible]	[illegible]	[illegible]	[illegible]	[illegible]	[illegible]	[illegible]	[illegible]	[illegible]	[illegible]	[illegible]	[illegible]	[illegible]	[illegible]	[illegible]	[illegible]	[illegible]	[illegible]	[illegible]
1	1.25	[illegible]	[illegible]	[illegible]	[illegible]	[illegible]	[illegible]	[illegible]	[illegible]	[illegible]	[illegible]	[illegible]	[illegible]	[illegible]	[illegible]	[illegible]	[illegible]	[illegible]	[illegible]	[illegible]	[illegible]	[illegible]	[illegible]	[illegible]	[illegible]	[illegible]	[illegible]	[illegible]	[illegible]	[illegible]	[illegible]	[illegible]	[illegible]	[illegible]	[illegible]	[illegible]	[illegible]	[illegible]	[illegible]	[illegible]	[illegible]	[illegible]	[illegible]	[illegible]	[illegible]	[illegible]	[illegible]	[illegible]	[illegible]	[illegible]	[illegible]	[illegible]	[illegible]	[illegible]	[illegible]	[illegible]	[illegible]	[illegible]	[illegible]	[illegible]	[illegible]	[illegible]	[illegible]	[illegible]	[illegible]	[illegible]	[illegible]
2	2.50	[illegible]	[illegible]	[illegible]	[illegible]	[illegible]	[illegible]	[illegible]	[illegible]	[illegible]	[illegible]	[illegible]	[illegible]	[illegible]	[illegible]	[illegible]	[illegible]	[illegible]	[illegible]	[illegible]	[illegible]	[illegible]	[illegible]	[illegible]	[illegible]	[illegible]	[illegible]	[illegible]	[illegible]	[illegible]	[illegible]	[illegible]	[illegible]	[illegible]	[illegible]	[illegible]	[illegible]	[illegible]	[illegible]	[illegible]	[illegible]	[illegible]	[illegible]	[illegible]	[illegible]	[illegible]	[illegible]	[illegible]	[illegible]	[illegible]	[illegible]	[illegible]	[illegible]	[illegible]	[illegible]	[illegible]	[illegible]	[illegible]	[illegible]	[illegible]	[illegible]	[illegible]	[illegible]	[illegible]	[illegible]	[illegible]	[illegible]
3	3.75	[illegible]	[illegible]	[illegible]	[illegible]	[illegible]	[illegible]	[illegible]	[illegible]	[illegible]	[illegible]	[illegible]	[illegible]	[illegible]	[illegible]	[illegible]	[illegible]	[illegible]	[illegible]	[illegible]	[illegible]	[illegible]	[illegible]	[illegible]	[illegible]	[illegible]	[illegible]	[illegible]	[illegible]	[illegible]	[illegible]	[illegible]	[illegible]	[illegible]	[illegible]	[illegible]	[illegible]	[illegible]	[illegible]	[illegible]	[illegible]	[illegible]	[illegible]	[illegible]	[illegible]	[illegible]	[illegible]	[illegible]	[illegible]	[illegible]	[illegible]	[illegible]	[illegible]	[illegible]	[illegible]	[illegible]	[illegible]	[illegible]	[illegible]	[illegible]	[illegible]	[illegible]	[illegible]	[illegible]	[illegible]	[illegible]	[illegible]
4	5 »	[illegible]	[illegible]	[illegible]	[illegible]	[illegible]	[illegible]	[illegible]	[illegible]	[illegible]	[illegible]	[illegible]	[illegible]	[illegible]	[illegible]	[illegible]	[illegible]	[illegible]	[illegible]	[illegible]	[illegible]	[illegible]	[illegible]	[illegible]	[illegible]	[illegible]	[illegible]	[illegible]	[illegible]	[illegible]	[illegible]	[illegible]	[illegible]	[illegible]	[illegible]	[illegible]	[illegible]	[illegible]	[illegible]	[illegible]	[illegible]	[illegible]	[illegible]	[illegible]	[illegible]	[illegible]	[illegible]	[illegible]	[illegible]	[illegible]	[illegible]	[illegible]	[illegible]	[illegible]	[illegible]	[illegible]	[illegible]	[illegible]	[illegible]	[illegible]	[illegible]	[illegible]	[illegible]	[illegible]	[illegible]	[illegible]	[illegible]
5	6.25	[illegible]	[illegible]	[illegible]	[illegible]	[illegible]	[illegible]	[illegible]	[illegible]	[illegible]	[illegible]	[illegible]	[illegible]	[illegible]	[illegible]	[illegible]	[illegible]	[illegible]	[illegible]	[illegible]	[illegible]	[illegible]	[illegible]	[illegible]	[illegible]	[illegible]	[illegible]	[illegible]	[illegible]	[illegible]	[illegible]	[illegible]	[illegible]	[illegible]	[illegible]	[illegible]	[illegible]	[illegible]	[illegible]	[illegible]	[illegible]	[illegible]	[illegible]	[illegible]	[illegible]	[illegible]	[illegible]	[illegible]	[illegible]	[illegible]	[illegible]	[illegible]	[illegible]	[illegible]	[illegible]	[illegible]	[illegible]	[illegible]	[illegible]	[illegible]	[illegible]	[illegible]	[illegible]	[illegible]	[illegible]	[illegible]	[illegible]
6	7.50	[illegible]	[illegible]	[illegible]	[illegible]	[illegible]	[illegible]	[illegible]	[illegible]	[illegible]	[illegible]	[illegible]	[illegible]	[illegible]	[illegible]	[illegible]	[illegible]	[illegible]	[illegible]	[illegible]	[illegible]	[illegible]	[illegible]	[illegible]	[illegible]	[illegible]	[illegible]	[illegible]	[illegible]	[illegible]	[illegible]	[illegible]	[illegible]	[illegible]	[illegible]	[illegible]	[illegible]	[illegible]	[illegible]	[illegible]	[illegible]	[illegible]	[illegible]	[illegible]	[illegible]	[illegible]	[illegible]	[illegible]	[illegible]	[illegible]	[illegible]	[illegible]	[illegible]	[illegible]	[illegible]	[illegible]	[illegible]	[illegible]	[illegible]	[illegible]	[illegible]	[illegible]	[illegible]	[illegible]	[illegible]	[illegible]	[illegible]
7	8.75	[illegible]	[illegible]	[illegible]	[illegible]	[illegible]	[illegible]	[illegible]	[illegible]	[illegible]	[illegible]	[illegible]	[illegible]	[illegible]	[illegible]	[illegible]	[illegible]	[illegible]	[illegible]	[illegible]	[illegible]	[illegible]	[illegible]	[illegible]	[illegible]	[illegible]	[illegible]	[illegible]	[illegible]	[illegible]	[illegible]	[illegible]	[illegible]	[illegible]	[illegible]	[illegible]	[illegible]	[illegible]	[illegible]	[illegible]	[illegible]	[illegible]	[illegible]	[illegible]	[illegible]	[illegible]	[illegible]	[illegible]	[illegible]	[illegible]	[illegible]	[illegible]	[illegible]	[illegible]	[illegible]	[illegible]	[illegible]	[illegible]	[illegible]	[illegible]	[illegible]	[illegible]	[illegible]	[illegible]	[illegible]	[illegible]	[illegible]
8	10 »	[illegible]	[illegible]	[illegible]	[illegible]	[illegible]	[illegible]	[illegible]	[illegible]	[illegible]	[illegible]	[illegible]	[illegible]	[illegible]	[illegible]	[illegible]	[illegible]	[illegible]	[illegible]	[illegible]	[illegible]	[illegible]	[illegible]	[illegible]	[illegible]	[illegible]	[illegible]	[illegible]	[illegible]	[illegible]	[illegible]	[illegible]	[illegible]	[illegible]	[illegible]	[illegible]	[illegible]	[illegible]	[illegible]	[illegible]	[illegible]	[illegible]	[illegible]	[illegible]	[illegible]	[illegible]	[illegible]	[illegible]	[illegible]	[illegible]	[illegible]	[illegible]	[illegible]	[illegible]	[illegible]	[illegible]	[illegible]	[illegible]	[illegible]	[illegible]	[illegible]	[illegible]	[illegible]	[illegible]	[illegible]	[illegible]	[illegible]
9	11.25	[illegible]	[illegible]	[illegible]	[illegible]	[illegible]	[illegible]	[illegible]	[illegible]	[illegible]	[illegible]	[illegible]	[illegible]	[illegible]	[illegible]	[illegible]	[illegible]	[illegible]	[illegible]	[illegible]	[illegible]	[illegible]	[illegible]	[illegible]	[illegible]	[illegible]	[illegible]	[illegible]	[illegible]	[illegible]	[illegible]	[illegible]	[illegible]	[illegible]	[illegible]	[illegible]	[illegible]	[illegible]	[illegible]	[illegible]	[illegible]	[illegible]	[illegible]	[illegible]	[illegible]	[illegible]	[illegible]	[illegible]	[illegible]	[illegible]	[illegible]	[illegible]	[illegible]	[illegible]	[illegible]	[illegible]	[illegible]	[illegible]	[illegible]	[illegible]	[illegible]	[illegible]	[illegible]	[illegible]	[illegible]	[illegible]	[illegible]
10	12.50	[illegible]	[illegible]	[illegible]	[illegible]	[illegible]	[illegible]	[illegible]	[illegible]	[illegible]	[illegible]	[illegible]	[illegible]	[illegible]	[illegible]	[illegible]	[illegible]	[illegible]	[illegible]	[illegible]	[illegible]	[illegible]	[illegible]	[illegible]	[illegible]	[illegible]	[illegible]	[illegible]	[illegible]	[illegible]	[illegible]	[illegible]	[illegible]	[illegible]	[illegible]	[illegible]	[illegible]	[illegible]	[illegible]	[illegible]	[illegible]	[illegible]	[illegible]	[illegible]	[illegible]	[illegible]	[illegible]	[illegible]	[illegible]	[illegible]	[illegible]	[illegible]	[illegible]	[illegible]	[illegible]	[illegible]	[illegible]	[illegible]	[illegible]	[illegible]	[illegible]	[illegible]	[illegible]	[illegible]	[illegible]	[illegible]	[illegible]
11	13.75	[illegible]	[illegible]	[illegible]	[illegible]	[illegible]	[illegible]	[illegible]	[illegible]	[illegible]	[illegible]	[illegible]	[illegible]	[illegible]	[illegible]	[illegible]	[illegible]	[illegible]	[illegible]	[illegible]	[illegible]	[illegible]	[illegible]	[illegible]	[illegible]	[illegible]	[illegible]	[illegible]	[illegible]	[illegible]	[illegible]	[illegible]	[illegible]	[illegible]	[illegible]	[illegible]	[illegible]	[illegible]	[illegible]	[illegible]	[illegible]	[illegible]	[illegible]	[illegible]	[illegible]	[illegible]	[illegible]	[illegible]	[illegible]	[illegible]	[illegible]	[illegible]	[illegible]	[illegible]	[illegible]	[illegible]	[illegible]	[illegible]	[illegible]	[illegible]	[illegible]	[illegible]	[illegible]	[illegible]	[illegible]	[illegible]	[illegible]
12	15 »	[illegible]	[illegible]	[illegible]	[illegible]	[illegible]	[illegible]	[illegible]	[illegible]	[illegible]	[illegible]	[illegible]	[illegible]	[illegible]	[illegible]	[illegible]	[illegible]	[illegible]	[illegible]	[illegible]	[illegible]	[illegible]	[illegible]	[illegible]	[illegible]	[illegible]	[illegible]	[illegible]	[illegible]	[illegible]	[illegible]	[illegible]	[illegible]	[illegible]	[illegible]	[illegible]	[illegible]	[illegible]	[illegible]	[illegible]	[illegible]	[illegible]	[illegible]	[illegible]	[illegible]	[illegible]	[illegible]	[illegible]	[illegible]	[illegible]	[illegible]	[illegible]	[illegible]	[illegible]	[illegible]	[illegible]	[illegible]	[illegible]	[illegible]	[illegible]	[illegible]	[illegible]	[illegible]	[illegible]	[illegible]	[illegible]	[illegible]
13	16.25	[illegible]	[illegible]	[illegible]	[illegible]	[illegible]	[illegible]	[illegible]	[illegible]	[illegible]	[illegible]	[illegible]	[illegible]	[illegible]	[illegible]	[illegible]	[illegible]	[illegible]	[illegible]	[illegible]	[illegible]	[illegible]	[illegible]	[illegible]	[illegible]	[illegible]	[illegible]	[illegible]	[illegible]	[illegible]	[illegible]	[illegible]	[illegible]	[illegible]	[illegible]	[illegible]	[illegible]	[illegible]	[illegible]	[illegible]	[illegible]	[illegible]	[illegible]	[illegible]	[illegible]	[illegible]	[illegible]	[illegible]	[illegible]	[illegible]	[illegible]	[illegible]	[illegible]	[illegible]	[illegible]	[illegible]	[illegible]	[illegible]	[illegible]	[illegible]	[illegible]	[illegible]	[illegible]	[illegible]	[illegible]	[illegible]	[illegible]
14	17.50	[illegible]	[illegible]	[illegible]	[illegible]	[illegible]	[illegible]	[illegible]	[illegible]	[illegible]	[illegible]	[illegible]	[illegible]	[illegible]	[illegible]	[illegible]	[illegible]	[illegible]	[illegible]	[illegible]	[illegible]	[illegible]	[illegible]	[illegible]	[illegible]	[illegible]	[illegible]	[illegible]	[illegible]	[illegible]	[illegible]	[illegible]	[illegible]	[illegible]	[illegible]	[illegible]	[illegible]	[illegible]	[illegible]	[illegible]	[illegible]	[illegible]	[illegible]	[illegible]	[illegible]	[illegible]	[illegible]	[illegible]	[illegible]	[illegible]	[illegible]	[illegible]	[illegible]	[illegible]	[illegible]	[illegible]	[illegible]	[illegible]	[illegible]	[illegible]	[illegible]	[illegible]	[illegible]	[illegible]	[illegible]	[illegible]	[illegible]
15	18.75	[illegible]	[illegible]	[illegible]	[illegible]	[illegible]	[illegible]	[illegible]	[illegible]	[illegible]	[illegible]	[illegible]	[illegible]	[illegible]	[illegible]	[illegible]	[illegible]	[illegible]	[illegible]	[illegible]	[illegible]	[illegible]	[illegible]	[illegible]	[illegible]	[illegible]	[illegible]	[illegible]	[illegible]	[illegible]	[illegible]	[illegible]	[illegible]	[illegible]	[illegible]	[illegible]	[illegible]	[illegible]	[illegible]	[illegible]	[illegible]	[illegible]	[illegible]	[illegible]	[illegible]	[illegible]	[illegible]	[illegible]	[illegible]	[illegible]	[illegible]	[illegible]	[illegible]	[illegible]	[illegible]	[illegible]	[illegible]	[illegible]	[illegible]	[illegible]	[illegible]	[illegible]	[illegible]	[illegible]	[illegible]	[illegible]	[illegible]
16	20 »	[illegible]	[illegible]	[illegible]	[illegible]	[illegible]	[illegible]	[illegible]	[illegible]	[illegible]	[illegible]	[illegible]	[illegible]	[illegible]	[illegible]	[illegible]	[illegible]	[illegible]	[illegible]	[illegible]	[illegible]	[illegible]	[illegible]	[illegible]	[illegible]	[illegible]	[illegible]	[illegible]	[illegible]	[illegible]	[illegible]	[illegible]	[illegible]	[illegible]	[illegible]	[illegible]	[illegible]	[illegible]	[illegible]	[illegible]	[illegible]	[illegible]	[illegible]	[illegible]	[illegible]	[illegible]	[illegible]	[illegible]	[illegible]	[illegible]	[illegible]	[illegible]	[illegible]	[illegible]	[illegible]	[illegible]	[illegible]	[illegible]	[illegible]	[illegible]	[illegible]	[illegible]	[illegible]	[illegible]	[illegible]	[illegible]	[illegible]
17	21.25	[illegible]	[illegible]	[illegible]	[illegible]	[illegible]	[illegible]	[illegible]	[illegible]	[illegible]	[illegible]	[illegible]	[illegible]	[illegible]	[illegible]	[illegible]	[illegible]	[illegible]	[illegible]	[illegible]	[illegible]	[illegible]	[illegible]	[illegible]	[illegible]	[illegible]	[illegible]	[illegible]	[illegible]	[illegible]	[illegible]	[illegible]	[illegible]	[illegible]	[illegible]	[illegible]	[illegible]	[illegible]	[illegible]	[illegible]	[illegible]	[illegible]	[illegible]	[illegible]	[illegible]	[illegible]	[illegible]	[illegible]	[illegible]	[illegible]	[illegible]	[illegible]	[illegible]	[illegible]	[illegible]	[illegible]	[illegible]	[illegible]	[illegible]	[illegible]	[illegible]	[illegible]	[illegible]	[illegible]	[illegible]	[illegible]	[illegible]
18	22.50	[illegible]	[illegible]	[illegible]	[illegible]	[illegible]	[illegible]	[illegible]	[illegible]	[illegible]	[illegible]	[illegible]	[illegible]	[illegible]	[illegible]	[illegible]	[illegible]	[illegible]	[illegible]	[illegible]	[illegible]	[illegible]	[illegible]	[illegible]	[illegible]	[illegible]	[illegible]	[illegible]	[illegible]	[illegible]	[illegible]	[illegible]	[illegible]	[illegible]	[illegible]	[illegible]	[illegible]	[illegible]	[illegible]	[illegible]	[illegible]	[illegible]	[illegible]	[illegible]	[illegible]	[illegible]	[illegible]	[illegible]	[illegible]	[illegible]	[illegible]	[illegible]	[illegible]	[illegible]	[illegible]	[illegible]	[illegible]	[illegible]	[illegible]	[illegible]	[illegible]	[illegible]	[illegible]	[illegible]	[illegible]	[illegible]	[illegible]
19	23.75	[illegible]	[illegible]	[illegible]	[illegible]	[illegible]	[illegible]	[illegible]	[illegible]	[illegible]	[illegible]	[illegible]	[illegible]	[illegible]	[illegible]	[illegible]	[illegible]	[illegible]	[illegible]	[illegible]	[illegible]	[illegible]	[illegible]	[illegible]	[illegible]	[illegible]	[illegible]	[illegible]	[illegible]	[illegible]	[illegible]	[illegible]	[illegible]	[illegible]	[illegible]	[illegible]	[illegible]	[illegible]	[illegible]	[illegible]	[illegible]	[illegible]	[illegible]	[illegible]	[illegible]	[illegible]	[illegible]	[illegible]	[illegible]	[illegible]	[illegible]	[illegible]	[illegible]	[illegible]	[illegible]	[illegible]	[illegible]	[illegible]	[illegible]	[illegible]	[illegible]	[illegible]	[illegible]	[illegible]	[illegible]	[illegible]	[illegible]
20	25 »	[illegible]	[illegible]	[illegible]	[illegible]	[illegible]	[illegible]	[illegible]	[illegible]	[illegible]	[illegible]	[illegible]	[illegible]	[illegible]	[illegible]	[illegible]	[illegible]	[illegible]	[illegible]	[illegible]	[illegible]	[illegible]	[illegible]	[illegible]	[illegible]	[illegible]	[illegible]	[illegible]	[illegible]	[illegible]	[illegible]	[illegible]	[illegible]	[illegible]	[illegible]	[illegible]	[illegible]	[illegible]	[illegible]	[illegible]	[illegible]	[illegible]	[illegible]	[illegible]	[illegible]	[illegible]	[illegible]	[illegible]	[illegible]	[illegible]	[illegible]	[illegible]	[illegible]	[illegible]	[illegible]	[illegible]	[illegible]	[illegible]	[illegible]	[illegible]	[illegible]	[illegible]	[illegible]	[illegible]	[illegible]	[illegible]	[illegible]
21	26.25	[illegible]	[illegible]	[illegible]	[illegible]	[illegible]	[illegible]	[illegible]	[illegible]	[illegible]	[illegible]	[illegible]	[illegible]	[illegible]	[illegible]	[illegible]	[illegible]	[illegible]	[illegible]	[illegible]	[illegible]	[illegible]	[illegible]	[illegible]	[illegible]	[illegible]	[illegible]	[illegible]	[illegible]	[illegible]	[illegible]	[illegible]	[illegible]	[illegible]	[illegible]	[illegible]	[illegible]	[illegible]	[illegible]	[illegible]	[illegible]	[illegible]	[illegible]	[illegible]	[illegible]	[illegible]	[illegible]	[illegible]	[illegible]	[illegible]	[illegible]	[illegible]	[illegible]	[illegible]	[illegible]	[illegible]	[illegible]	[illegible]	[illegible]	[illegible]	[illegible]	[illegible]	[illegible]	[illegible]	[illegible]	[illegible]	[illegible]
22	27.50	[illegible]	[illegible]	[illegible]	[illegible]	[illegible]	[illegible]	[illegible]	[illegible]	[illegible]	[illegible]	[illegible]	[illegible]	[illegible]	[illegible]	[illegible]	[illegible]	[illegible]	[illegible]	[illegible]	[illegible]	[illegible]	[illegible]	[illegible]	[illegible]	[illegible]	[illegible]	[illegible]	[illegible]	[illegible]	[illegible]	[illegible]	[illegible]	[illegible]	[illegible]	[illegible]	[illegible]	[illegible]	[illegible]	[illegible]	[illegible]	[illegible]	[illegible]	[illegible]	[illegible]	[illegible]	[illegible]	[illegible]	[illegible]	[illegible]	[illegible]	[illegible]	[illegible]	[illegible]	[illegible]	[illegible]	[illegible]	[illegible]	[illegible]	[illegible]	[illegible]	[illegible]	[illegible]	[illegible]	[illegible]	[illegible]	[illegible]
23	28.75	[illegible]	[illegible]	[illegible]	[illegible]	[illegible]	[illegible]	[illegible]	[illegible]	[illegible]	[illegible]	[illegible]	[illegible]	[illegible]	[illegible]	[illegible]	[illegible]	[illegible]	[illegible]	[illegible]	[illegible]	[illegible]	[illegible]	[illegible]	[illegible]	[illegible]	[illegible]	[illegible]	[illegible]	[illegible]	[illegible]	[illegible]	[illegible]	[illegible]	[illegible]	[illegible]	[illegible]	[illegible]	[illegible]	[illegible]	[illegible]	[illegible]	[illegible]	[illegible]	[illegible]	[illegible]	[illegible]	[illegible]	[illegible]	[illegible]	[illegible]	[illegible]	[illegible]	[illegible]	[illegible]	[illegible]	[illegible]	[illegible]	[illegible]	[illegible]	[illegible]	[illegible]	[illegible]	[illegible]	[illegible]	[illegible]	[illegible]
24	30 »	[illegible]	[illegible]	[illegible]	[illegible]	[illegible]	[illegible]	[illegible]	[illegible]	[illegible]	[illegible]	[illegible]	[illegible]	[illegible]	[illegible]	[illegible]	[illegible]	[illegible]	[illegible]	[illegible]	[illegible]	[illegible]	[illegible]	[illegible]	[illegible]	[illegible]	[illegible]	[illegible]	[illegible]	[illegible]	[illegible]	[illegible]	[illegible]	[illegible]	[illegible]	[illegible]	[illegible]	[illegible]	[illegible]	[illegible]	[illegible]	[illegible]	[illegible]	[illegible]	[illegible]	[illegible]	[illegible]	[illegible]	[illegible]	[illegible]	[illegible]	[illegible]	[illegible]	[illegible]	[illegible]	[illegible]	[illegible]	[illegible]	[illegible]	[illegible]	[illegible]	[illegible]	[illegible]	[illegible]	[illegible]	[illegible]	[illegible]
25	31.25	[illegible]	[illegible]	[illegible]	[illegible]	[illegible]	[illegible]	[illegible]	[illegible]	[illegible]	[illegible]	[illegible]	[illegible]	[illegible]	[illegible]	[illegible]	[illegible]	[illegible]	[illegible]	[illegible]	[illegible]	[illegible]	[illegible]	[illegible]	[illegible]	[illegible]	[illegible]	[illegible]	[illegible]	[illegible]	[illegible]	[illegible]	[illegible]	[illegible]	[illegible]	[illegible]	[illegible]	[illegible]	[illegible]	[illegible]	[illegible]	[illegible]	[illegible]	[illegible]	[illegible]	[illegible]	[illegible]	[illegible]	[illegible]	[illegible]	[illegible]	[illegible]	[illegible]	[illegible]	[illegible]	[illegible]	[illegible]	[illegible]	[illegible]	[illegible]	[illegible]	[illegible]	[illegible]	[illegible]	[illegible]	[illegible]	[illegible]
26	32.50	[illegible]	[illegible]	[illegible]	[illegible]	[illegible]	[illegible]	[illegible]	[illegible]	[illegible]	[illegible]	[illegible]	[illegible]	[illegible]	[illegible]	[illegible]	[illegible]	[illegible]	[illegible]	[illegible]	[illegible]	[illegible]	[illegible]	[illegible]	[illegible]	[illegible]	[illegible]	[illegible]	[illegible]	[illegible]	[illegible]	[illegible]	[illegible]	[illegible]	[illegible]	[illegible]	[illegible]	[illegible]	[illegible]	[illegible]	[illegible]	[illegible]	[illegible]	[illegible]	[illegible]	[illegible]	[illegible]	[illegible]	[illegible]	[illegible]	[illegible]	[illegible]	[illegible]	[illegible]	[illegible]	[illegible]	[illegible]	[illegible]	[illegible]	[illegible]	[illegible]	[illegible]	[illegible]	[illegible]	[illegible]	[illegible]	[illegible]
27	33.75	[illegible]	[illegible]	[illegible]	[illegible]	[illegible]	[illegible]	[illegible]	[illegible]	[illegible]	[illegible]	[illegible]	[illegible]	[illegible]	[illegible]	[illegible]	[illegible]	[illegible]	[illegible]	[illegible]	[illegible]	[illegible]	[illegible]	[illegible]	[illegible]	[illegible]	[illegible]	[illegible]	[illegible]	[illegible]	[illegible]	[illegible]	[illegible]	[illegible]	[illegible]	[illegible]	[illegible]	[illegible]	[illegible]	[illegible]	[illegible]	[illegible]	[illegible]	[illegible]	[illegible]	[illegible]	[illegible]	[illegible]	[illegible]	[illegible]	[illegible]	[illegible]	[illegible]	[illegible]	[illegible]	[illegible]	[illegible]	[illegible]	[illegible]	[illegible]	[illegible]	[illegible]	[illegible]	[illegible]	[illegible]	[illegible]	[illegible]
28	35 »	[illegible]	[illegible]	[illegible]	[illegible]	[illegible]	[illegible]	[illegible]	[illegible]	[illegible]	[illegible]	[illegible]	[illegible]	[illegible]	[illegible]	[illegible]	[illegible]	[illegible]	[illegible]	[illegible]	[illegible]	[illegible]	[illegible]	[illegible]	[illegible]	[illegible]	[illegible]	[illegible]	[illegible]	[illegible]	[illegible]	[illegible]	[illegible]	[illegible]	[illegible]	[illegible]	[illegible]	[illegible]	[illegible]	[illegible]	[illegible]	[illegible]	[illegible]	[illegible]	[illegible]	[illegible]	[illegible]	[illegible]	[illegible]	[illegible]	[illegible]	[illegible]	[illegible]	[illegible]	[illegible]	[illegible]	[illegible]	[illegible]	[illegible]	[illegible]	[illegible]	[illegible]	[illegible]	[illegible]	[illegible]	[illegible]	[illegible]
29	36.25	[illegible]	[illegible]	[illegible]	[illegible]	[illegible]	[illegible]	[illegible]	[illegible]	[illegible]	[illegible]	[illegible]	[illegible]	[illegible]	[illegible]	[illegible]	[illegible]	[illegible]	[illegible]	[illegible]	[illegible]	[illegible]	[illegible]	[illegible]	[illegible]	[illegible]	[illegible]	[illegible]	[illegible]	[illegible]	[illegible]	[illegible]	[illegible]	[illegible]	[illegible]	[illegible]	[illegible]	[illegible]	[illegible]	[illegible]	[illegible]	[illegible]	[illegible]	[illegible]	[illegible]	[illegible]	[illegible]	[illegible]	[illegible]	[illegible]	[illegible]	[illegible]	[illegible]	[illegible]	[illegible]	[illegible]	[illegible]	[illegible]	[illegible]	[illegible]	[illegible]	[illegible]	[illegible]	[illegible]	[illegible]	[illegible]	[illegible]
30	37.50	[illegible]	[illegible]	[illegible]	[illegible]	[illegible]	[illegible]	[illegible]	[illegible]	[illegible]	[illegible]	[illegible]	[illegible]	[illegible]	[illegible]	[illegible]	[illegible]	[illegible]	[illegible]	[illegible]	[illegible]	[illegible]	[illegible]	[illegible]	[illegible]	[illegible]	[illegible]	[illegible]	[illegible]	[illegible]	[illegible]	[illegible]	[illegible]	[illegible]	[illegible]	[illegible]	[illegible]	[illegible]	[illegible]	[illegible]	[illegible]	[illegible]	[illegible]	[illegible]	[illegible]	[illegible]	[illegible]	[illegible]	[illegible]	[illegible]	[illegible]	[illegible]	[illegible]	[illegible]	[illegible]	[illegible]	[illegible]	[illegible]	[illegible]	[illegible]	[illegible]	[illegible]	[illegible]	[illegible]	[illegible]	[illegible]	[illegible]

prouvette quand on y plonge le thermomètre centigrade, mais 25° C. du même thermomètre.

Cherchons dans la table, deuxième colonne verticale, le chiffre 25, et suivons horizontalement jusqu'à ce que nous soyons au-dessous du chiffre 84 qui est la force apparente. Au croisement des deux colonnes, nous trouvons le chiffre 81,3, qui signifie que 100 litres d'alcool du titre indiqué, ne renferment, à la température de + 25° C., que 81 lit.3 d'alcool absolu, et, par conséquent, qu'il faut opérer comme il suit :

```
   894
  81,3
------
  2682
  894
7152
------
72682,2
```

Retranchant d'abord un chiffre pour celui décimal du multiplicateur, puis deux autres chiffres par une virgule, reste 726 lit.82 au lieu de 750 lit.96 trouvés dans le cas précédent.

La table de Gay-Lussac donne pour le titre réel 81.1, et pour la quantité totale d'alcool 725 lit.03, en erreur de 1 lit.79

Admettons actuellement que les échantillons ont marqué au thermomètre plongé dans l'éprouvette une température de — 10° C. En cherchant dans la table en regard de cette température, la force réelle d'après la force apparente de 84°, on trouve 90,5, ce qui donne $894 \times 90,5 = 809070$, et veut dire qu'à la température indiquée ces 894 litres au titre apparent de 84° renferment 809lit.07 d'alcool absolu.

Pour ce cas si simple, les tables de Gay-Lussac qui ne commencent qu'à 0° C., mettent le négociant dans l'embarras ou l'obligent à des calculs compliqués et plus ou moins incertains.

Si le degré de la température, ou bien si le titre apparent présente des chiffres décimaux, on prend des parties proportionnelles. Si on suppose ainsi que la température du liquide marquée par le thermomètre ait été non plus de 25°, mais de 25°4, on dira : au titre apparent de 84° le titre réel est de 81,3, et à la température de 26°25 il est de 81,0, c'est-à-dire que pour une différence de 1°25, il varie de 0,3; par conséquent pour 0,4 de degré, il ne variera que de 0,095, ou en d'autres termes que le titre réel sera 81°205.

De même pour la force apparente. En effet, si on admet qu'au lieu de 84° cette force apparente ait été de 84,6, on trouvera dans la table en regard de la température 25 que la force réelle à 84, est comme on l'a dit, de 81,3, et celle pour 85°, de 82,3. Il y a donc, pour une différence de 0,6, dans la richesse réelle de 82,3 à 81,3 ou de l'unité, et pour les 6 dixièmes, une différence de 0,6, c'est-à-dire que la force réelle sera $81,3 + 0,6 = 81,9$.

Nous ne pousserons pas plus loin les exemples de l'emploi de la table qui fait connaître la richesse réelle d'après la richesse apparente qu'on a constatée à l'alcoomètre et la température qu'on a prise au thermomètre centigrade, nous pensons qu'ils suffiront pour mettre les négociants au courant de ces sortes de calculs qui d'ailleurs sont d'une extrême simplicité.

Comme on fait encore un usage fréquent des aréomètres de Baumé et de celui de Cartier, nous donnerons ici les tableaux de correspondance entre les degrés de ces aréomètres entre eux et avec ceux de l'alcoomètre centésimal.

§ 3. 1° *Table de conversion des degrés de l'aréomètre de Baumé en degrés de l'aréomètre de Cartier et en degrés de l'alcoomètre centésimal avec les densités correspondantes à chaque degré.*

Aréomètre de Baumé.	Aréomètre de Cartier.	Alcoomètre centésimal.	Densités.	Aréomètre de Baumé.	Aréomètre de Cartier.	Alcoomètre centésimal.	Densités.
10	10	0	1,000	30	28,38	75	0,878
11	10.92	5	0.993	31	29.29	77	0.872
12	11.84	10	0.987	32	30.31	79	0.867
13	12.76	17	0.979	33	31.13	81	0.862
14	13.67	23	0.973	34	32,04	83	0.857
15	14.59	29	0.966	35	32.96	84	0.852
16	15.51	34	0.960	36	33.88	86	0.847
17	16.43	39	0.953	37	34.80	88	0.842
18	17.35	43	0.947	38	35.72	89	0.837
19	18.26	47	0.941	39	36.63	91	0.832
20	19.18	50	0.935	40	37.66	02	0.827
21	20.10	53	0,929	41	38.46	93	0.823
22	21.02	56	0.923	42	39.40	94	0.818
23	21.94	59	0.917	43	40.31	96	0.813
24	22.85	61	0.911	44	41.22	97	0.809
25	23.77	64	0,905	45	42.14	98	0.804
26	24.69	66	0.900	46	43.06	99	0.800
27	25.61	69	0.894	47	43.19	100	0,705
28	26.53	71	0.888	48	44.90	»	0.701
29	27.44	73	0.883				

2° *Table de conversion des degrés de Cartier en degrés centésimaux à + 15° centigrades.*

Degrés de Cartier.	Degrés centésim.	Degrés de Cartier.	Degrés centésim.	Degrés de Cartier.	Degrés centésim.	Degrés de Cartier.	Degrés centésim.
10.00	0.2	18.75	48.2	27.25	72.3	35.75	89.2
10.25	1.1	19.00	49.1	27.50	72.9	36.00	89.6
10.50	2.4	19.25	50.0	27.75	73.5	36.25	90.0
10.75	3.7	19.50	50.9	28.00	74.0	36.50	90.4
11.00	5.1	19.75	51.7	28.25	74.6	36.75	90.8
11.25	6.5	20.00	52.5	28.50	75.2	37.00	91.2
11.50	8.1	20.25	53.3	28.75	75.7	37.25	91.5
11.75	9.6	20.50	54.1	29.00	76.3	37.50	91.9
12.00	11.2	20.75	54.9	29.25	76.8	37.75	92.3
12.25	12.8	21.00	55.6	29.50	77.3	38.00	92.7
12.50	14.5	21.25	56.4	29.75	77.9	38.25	93.0
12.75	16.3	21.50	57.2	30.00	78.4	38.50	93.4
13.00	18.2	21.75	58.0	30.25	78.9	38.75	93.7
13.25	20.0	22.00	58.7	30.50	79.3	39.00	94.1
13.50	21.8	22.25	59.4	30.75	80.0	39.25	94.4
13.75	23.5	22.50	60.1	31.00	80.5	39.50	94.7
14.00	25.2	22.75	60.8	31.25	81.0	39.75	95.1
14.25	26.9	23.00	61.5	31.50	81.5	40.00	95.4
14.50	28.5	23.25	62.2	31.75	82.0	40.25	95.7
14.75	30.1	23.50	62.9	32.00	82.5	40.50	96.0
15.00	31.6	23.75	63.6	32.25	82.9	40.75	96.3
15.25	33.0	24.00	64.2	32.50	83.4	41.00	96.6
15.50	34.4	24.25	64.9	32.75	83.9	41.25	96.9
15.75	35.6	24.50	65.5	33.00	84.4	41.50	97.2
16.00	36.9	24.75	66.2	33.25	84.8	41.75	97.5
16.25	38.1	25.00	66.9	33.50	85.3	42.00	97.7
16.50	39.3	25.25	67.5	33.75	85.8	42.25	98.0
16.75	40.4	25.50	68.1	34.00	86.2	42.50	98.3
17.00	41.5	25.75	68.8	34.25	86.7	42.75	98.5
17.25	42.5	26.00	69.4	34.50	87.1	43.00	98.8
17.50	43.5	26.25	70.0	34.75	87.5	43.25	99.1
17.75	44.5	26.50	70.6	35.00	88.0	43.50	99.4
18.00	45.5	26.75	71.2	35.25	88.4	43.75	99.5
18.25	46.4	27.00	71.8	35.50	88.8	44.00	99.8
18.50	47.3						

3° *Table de conversion des degrés centésimaux en degrés de Cartier à + 15° centigrades.*

Degrés centésimaux.	Degrés de Cartier.	Degrés centésimaux.	Degrés de Cartier.	Degrés centésimaux.	Degrés de Cartier.	Degrés centésimaux.	Degrés de Cartier.
0	10.03	26	14.12	51	19.54	76	28.88
1	10.23	27	14.26	52	19.85	77	29.34
2	10.43	28	14.42	53	20.15	78	29.81
3	10.62	29	14.57	54	20.47	79	30.29
4	10.80	30	14.73	55	20.79	80	30.76
5	10.97	31	14.90	56	21.11	81	31.26
6	11.16	32	15.07	57	21.43	82	31.76
7	11.33	33	15.24	58	21.76	83	32.28
8	11.49	34	15.43	59	22.10	84	32.80
9	11.66	35	15.63	60	22.46	85	33.33
10	11.82	36	15.83	61	22.82	86	33.88
11	11.98	37	16.02	62	23.18	87	34.43
12	12.14	38	16.22	63	23.55	88	35.01
13	12.28	39	16.43	64	23.92	89	35.62
14	12.43	40	16.66	65	24.29	90	36.29
15	12.57	41	16.88	66	24.67	91	36.84
16	12.70	42	17.12	67	25.05	92	37.55
17	12.84	43	17.37	68	25.45	93	38.24
18	12.97	44	17.62	69	25.85	94	38.95
19	13.10	45	17.88	70	26.26	95	39.70
20	13.25	46	18.14	71	26.68	96	40.49
21	13.38	47	18.42	72	27.11	97	41.33
22	13.52	48	18.69	73	27.64	98	42.25
23	13.67	49	18.97	74	27.98	99	43.19
24	13.83	50	19.25	75	28.43	100	44.19
25	13.97						

Méthodes diverses pour constater la richesse réelle.

On n'a pas toujours à sa disposition les tables qui servent à convertir la richesse apparente des alcools, esprits et eaux-de-vie en richesse réelle, et si ces tables viennent à manquer et qu'on soit, par des circonstances quelconques, obligé de constater la force d'un liquide spiritueux, on peut avoir recours à quelques autres méthodes que nous allons indiquer.

1° La première de ces méthodes, celle qui, lorsqu'elle est pratiquée avec tout le soin désirable, fournit des résultats très-précis, est l'emploi de la densité du liquide qu'on veut apprécier, afin de pouvoir ensuite en déduire son degré alcoométrique. Afin de faciliter ce travail, il est nécessaire d'avoir sous les yeux une table qui indique les rapports qui existent entre les densités et les degrés alcoométriques. Nous avons déjà donné une table de cette espèce à la page 19. Cependant, nous croyons devoir reproduire ici la suivante dont les nombres diffèrent un peu de celle précédente, mais qui s'étend à tous les degrés de l'alcoomètre centésimal.

Table des densités des liqueurs alcooliques pour chacun des degrés de l'alcoomètre centésimal.

DEGRÉS de l'alcool.	DENSITÉS.	DEGRÉS de l'alcool.	DENSITÉS.	DEGRÉS de l'alcool.	DENSITÉS.
0	1.000	34	0.962	68	0.896
1	0.999	35	0.961	69	0.893
2	0.997	36	0.960	70	0.891
3	0.996	37	0.959	71	0.888
4	0.994	38	0.958	72	0.886
5	0.993	39	0.957	73	0.884
6	0.992	40	0.956	74	0.881
7	0.990	41	0.955	75	0.879
8	0.989	42	0.954	76	0.876
9	0.988	43	0.952	77	0.874
10	0.987	44	0.950	78	0.871
11	0.986	45	0.948	79	0.868
12	0.984	46	0.946	80	0.865
13	0.983	47	0.944	81	0.863
14	0.982	48	0.942	82	0.860
15	0.981	49	0.940	83	0.857
16	0.980	50	0.938	84	0.854
17	0.979	51	0.936	85	0.851
18	0.978	52	0.934	86	0.848
19	0.977	53	0.932	87	0.845
20	0.976	54	0.930	88	0.842
21	0.975	55	0.927	89	0.838
22	0.974	56	0.925	90	0.835
23	0.973	57	0.923	91	0.832
24	0.972	58	0.921	92	0.829
25	0.971	59	0.919	93	0.826
26	0.970	60	0.917	94	0.822
27	0.969	61	0.915	95	0.818
28	0.968	62	0.912	96	0.814
29	0.967	63	0.909	97	0.810
30	0.966	64	0.907	98	0.805
31	0.965	65	0.905	99	0.800
32	0.964	66	0.902	100	0.795
33	0.963	67	0.899		

1° Pour faire usage de cette table, on verse le liquide dont on veut connaître le degré de spirituosité, dans une petite fiole à médecine, jusqu'à un trait de lime qui y marque une certaine capacité, je suppose 100 centimètres cubes. On prend le poids de cette fiole, chargée de ce liquide, autant que possible à la température de 15° C.; supposons 95 grammes 40. Or, on sait qu'à cette température, 100 centimètres cubes d'eau pure pèsent 100 grammes, il en résulte que les 100 centimètres cubes de liquide, en rapportant sa densité à celle de l'eau, sont dans le rapport de

$$\frac{95.40}{100.00} \text{ ou } 0.9540$$

Le tableau, pour cette densité, indique une richesse alcoométrique de 42°, c'est-à-dire que le liquide essayé renferme 42 parties en volume d'alcool absolu et 58 d'eau.

Quand la densité tombe entre les nombres compris dans la table, on prend des parties proportionnelles.

Nous sommes obligés d'avouer que cette méthode exige et suppose une certaine habileté dans les manipulations physiques, qu'elle est beaucoup plus longue que l'emploi de l'alcoomètre, même avec les corrections de température qu'il exige et qui deviennent faciles et rapides avec la table que nous avons donnée à la page 36.

Nous ajouterons que plus loin nous entrerons encore dans quelques détails sur cette méthode, à l'occasion de la vente au poids des alcools et des esprits.

2° A défaut de tout autre moyen, on peut encore faire usage d'une formule empirique proposée pour la première fois par Francœur, et qui s'applique particulièrement au thermomètre centigrade et aux tables de Gay-Lussac. Voici cette formule qu'on peut très-bien retenir dans sa mémoire :

$$X = F \mp 0.4\,T$$

dans laquelle X est la force réelle que l'on cherche, F la force apparente accusée par l'alcoomètre, et T la différence de la température en plus ou en moins sur celle normale de + 15° C.

Si la température est supérieure à 15°, on se sert du signe *moins* (—), et si elle est inférieure, on fait usage du signe *plus* (+).

Supposons, comme exemple, un esprit dont la force apparente, à 22°50 du thermomètre centigrade ou 7°5 au-dessus de 15°, soit de 65° centésimaux ou alcoométriques, dans ce cas on a F=65 et T=7°50, de façon que la formule devient :

$$X = 65 - 0.4 \times 7.50 = 62°,$$

c'est-à-dire que la force réelle de cet esprit est 62°. Notre table de la page 32 donne 62°70 qui en diffère de 0°70, et celles de Gay-Lussac 62°50 qui n'en diffère que de 0°50.

Admettons de même qu'on ait un esprit qui, à 10° C., c'est-à-dire 5° au-dessous de 15°, ait une force apparente de 85° centésimaux. Dans ce cas, F = 85 et T = 5 et la formule devient

$$X = 85 + 0.4 \times 5 = 87°.$$

Notre table donne 86°5, et celles de Gay-Lussac 86°8.

Pour adapter cette formule au thermomètre de Réaumur, il faut modifier le coefficient de la température, et dans ce cas elle devient

$$X = F \mp 0,5\,T$$

dans laquelle X et F ont la même signification que dans la formule précédente, mais où T est la différence en plus ou en moins sur celle normale de + 12° R.

Admettons, par exemple, qu'on ait trouvé à l'alcoomètre un esprit marquant 83° centésimaux à la température de + 20° R., on a dans ce cas

$$X = 83 - 0,5 \times 8 = 79$$

Or, notre table donne 80°3 en excès de 1°3 sur la formule, et celles de Gay-Lussac 79°3 en excès de 0°3.

Supposons, enfin, qu'on recherche la richesse réelle d'un alcool, dont la richesse apparente est de 75° centésimaux à la température de 8° Réaumur, c'est-à-dire de 4° au-dessous de celle normale de 12°, on a dans ce cas

$$X = 75 + 0,5 \times 4 = 77$$

Notre table donne 76°7, et celles de Gay-Lussac 76°9.

On voit donc qu'à défaut de table et avec un thermomètre centigrade ou de Réaumur, on pourrait, en retenant la formule dans sa mémoire, arriver à une approximation grossière relativement à la richesse réelle d'un alcool d'après sa richesse apparente et sa température, mais qu'en résumé les formules calculées d'après les données de Gay-

Lussac ne peuvent en aucune façon suppléer à la table qui, seule par son exactitude, donne des résultats méritant de la confiance.

Faisons enfin remarquer que les formules fournissent des résultats plus rapprochés des tables pour les valeurs moyennes de la richesse apparente que pour celles extrêmes.

3° Un petit instrument assez commode pour la mesure de la richesse des alcools et des esprits, est celui que M. Strope, d'Orléans, a imaginé pour cela et qu'il a appelé *échelle alcoométrique*, et qui est établi sur le principe de la règle à calcul.

Cette échelle se compose d'une tringle en bois à coulisse sur laquelle les degrés de spirituosité sont placés à droite et à gauche, et les degrés de température figurés sur la coulisse. Lorsqu'on veut connaître la richesse d'un liquide spiritueux, il suffit de pousser la coulisse et de présenter le degré de température en regard du degré alcoométrique obtenu pour connaître à l'instant la force réelle du liquide.

Supposons, comme dans l'instruction qui accompagne cette échelle, une eau-de-vie d'une force apparente à l'alcoomètre de 48° à la température de 5° au-dessus de zéro. On remonte la coulisse jusqu'à ce que le 5° degré corresponde à la 48° division de l'échelle fixe et alors, en cherchant au 15° degré, voulu par la loi, on lit à coté que la force réelle de cette eau-de-vie est de 51°5.

Si, au contraire, la température était à 20°, on abaisserait la coulisse jusqu'à ce que le 20° degré corresponde à la 48° division, et en cherchant encore au 15° degré, l'échelle indiquerait 46° pour la force réelle.

On voit dans tous les cas que ces petits appareils, tout ingénieux qu'ils soient, ne présentent pas une exactitude suffisante et comparable à celle des tables qui donnent les divisions de degrés.

On a reproché quelquefois à l'alcoomètre de présenter des divisions trop étendues et d'une lecture difficile, et on a cru devoir lui substituer quelques autres appareils fondés sur des principes différents, tels, par exemple, que l'œnomètre de M. L. E. Tabarié, l'œno-alcoomètre de M. F. Dunal, l'ébullioscope à cadran de M. Brossard-Vidal, l'ébullioscope de Conaty, le dilatomètre de J. T. Silberman, etc.; mais tous ces appareils ont aussi leurs inconvénients et leurs défauts, et, sous le rapport de la précision et de la rapidité des opérations, ils sont inférieurs à l'alcoomètre de Gay-Lussac. Nous ne croyons donc pas nécessaire d'entrer, à leur égard, dans des descriptions détaillées, et nous conseillons de s'en tenir à l'alcoomètre qui, d'ailleurs, adopté par la régie des contributions, sert aujourd'hui de guide dans toutes les opérations commerciales qu'on peut faire sur les liquides spiritueux.

CHAPITRE IV.

MOUILLAGE OU RÉDUCTION DES ALCOOLS.

1. *Du mouillage.*

L'eau et l'alcool se mélangent en toute proportion, et rien n'est plus facile, quand on connaît le degré alcoométrique d'un alcool, que de le ramener, au moyen de l'eau, à un degré inférieur par une simple règle de proportion. C'est cette opération à laquelle on a donné, dans le commerce, le nom de *mouillage* ou de *réduction*.

Avant de donner des tables de mouillage, c'est-à-dire des tables pour convertir un liquide spiritueux de force connue en un autre aussi de force donnée, mais plus faible, nous devons rappeler qu'il se présente ici un phénomène dû à une action chimique qui affecte le mélange d'une manière assez sensible. Ainsi, un litre d'alcool et un litre d'eau parfaitement mélangés ne donnent pas deux litres, mais bien un volume inférieur. C'est ce qu'on appelle la *contraction*, et si on suppose une température de + 15° C., voici quel sera le degré de contraction qu'éprouveront divers mélanges d'alcool et d'eau :

100 lit. d'alcool	et 0 lit. d'eau	se contractent de 0 lit.
95.	5	1.018
90.	10	1.094
85.	15	2.047

80 lit. d'alcool	et 20 lit. d'eau se contractent de		2.087
75.	25		3.019
70.	30		3.044
65.	35		3.615
60.	40		3·073
55.	45		3.077
50.	50		3.745
45.	55		3.064
40.	60		3.044
35.	65		3.014
30.	70		2.072
25.	75		2.024
20.	80		1.072
15.	85		1.020
10.	90		0.072
5.	95		0.031
0.	100		0.000

On observe en outre un dégagement de chaleur pendant qu'on opère le mélange, et d'ailleurs la température des liquides influe également sur la contraction, qui paraît être à son maximum vers + 1° C. et qui diminue à mesure que la température s'élève.

Nous avons indiqué, dans la table de mouillage, le nombre de litres et de décilitres d'eau qu'il faut ajouter à 100 litres d'un esprit ou d'une eau-de-vie d'un degré connu, pour les affaiblir ou les convertir en un liquide spiritueux d'un degré alcoométrique plus faible.

Dans toute cette table, on suppose que le liquide spiritueux est à la température de + 15° C., et s'il n'avait pas cette température, il faudrait en évaluer la force et le volume au moyen de la table précédente. Quant à l'eau, sa dilatation étant très-faible, on n'en tient pas compte.

La première colonne de la table indique le degré qu'on veut réduire.

La seconde, partant de 40 degrés, et augmentant d'unité en unité, forme la série de degrés auxquels on veut réduire les nombre de la première colonne.

La troisième est le nombre de litres d'eau qu'il faut ajouter à un hectolitre d'esprit de la force indiquée dans la première colonne, pour avoir le degré moyen dans la seconde.

Enfin, la quatrième indique le volume ou le nombre de litres que formera le liquide après ce mélange de l'eau et de l'alcool, eu égard à la contraction.

TABLES DE MOUILLAGE DES ALCOOLS

Donnant le nombre de litres d'eau qu'il faut ajouter à un hectolitre d'esprit pour en faire une eau-de-vie d'un degré quelconque et le nombre de litres qui résultent de ce mélange.

(Les mélanges sont supposés être opérés à la température de 12° R. ou 15° C. des liquides).

DEGRÉ de l'esprit à réduire.	DEGRÉ que l'on veut obtenir.	LITRES D'EAU qu'il faut ajouter à l'hectol. d'esprit à réduire.	VOLUME TOTAL du mélange.
De 100°	à 40	158.52	250.00
	41	152.32	243.90
	42	146.42	238.10
	43	140.77	232.56
	44	135.36	227.27
	45	130.21	222.22
	46	125.26	217.39
	47	120.52	212.77
	48	115.97	208.33
	49	111.60	204.08
	50	107.40	200.00
	51	103.35	196.08
	52	99.44	192.31
	53	95.69	188.68
	54	92.08	185.19
	55	88.58	181.82
	56	82.50	178.57
	57	81.94	175.44
	58	78.78	172.41
	59	75.73	169.49
	60	72.77	166.67
	61	69.92	163.93
	62	67.15	161.29
	63	64.46	158.73

DEGRÉ de l'esprit à réduire.	DEGRÉ que l'on veut obtenir.	LITRES D'EAU qu'il faut ajouter à l'hectol. d'esprit à réduire.	VOLUME TOTAL du mélange.
De 100°	à 64	61.85	156.26
	65	59.32	153.85
	66	56.86	151.52
	67	54.47	149.25
	68	52.14	147.06
	69	49.89	144.93
	70	47.68	142.86
	71	45.54	140.85
	72	43.46	138.89
	73	41.43	136.99
	74	39.45	135.14
	75	37.51	133.33
	76	35.63	131.58
	77	33.79	129.87
	78	31.99	128.21
	79	30.22	126.58
	80	28.53	125.00
	81	26.85	123.46
	82	25.21	121.85
	83	23.61	120.48
	84	22.04	119.05
	85	20.49	117.65
	86	18.98	116.28
	87	17.51	114.94
	88	16.05	113.64
	89	14.62	112.36
	90	13.20	111.11
	91	11.81	109.89
	92	10.45	108.70
	93	9.11	107.53
	94	7.79	106.38
	95	6.48	105.26
	96	5.18	104.16
	97	3.88	103.09

DEGRÉ de l'esprit à réduire.	DEGRÉ que l'on veut obtenir.	LITRES D'EAU qu'il faut ajouter à l'hectol. d'esprit à réduire.	VOLUME TOTAL du mélange.
De 100°	à 98	2.59	102.04
	99	1.28	101.01
	100	0.00	100.00
99°	40	155.67	247.50
	41	149.53	241.46
	42	143.69	235.71
	43	138.10	230.23
	44	132.73	225.00
	45	127.88	220.00
	46	122.74	215.22
	47	118.05	210.64
	48	113.64	206.25
	49	108.11	202.04
	50	105.06	198.00
	51	101.05	194.12
	52	97.18	190.38
	53	93.47	186.79
	54	89.89	183.33
	55	86.31	180.00
	56	83.08	176.79
	57	79.86	173.68
	58	76.73	170.09
	59	73.70	167.80
	60	70.78	165.00
	61	67.95	162.29
	62	65.21	159.68
	63	62.53	157.14
	64	59.97	154.70
	65	57.46	152.31
	66	55.03	150.00
	67	52.65	147.76
	68	50.35	145.59
	69	48.12	143.48

DEGRÉ de l'esprit à réduire.	DEGRÉ que l'on veut obtenir.	LITRES D'EAU qu'il faut ajouter à l'hectol. d'esprit à réduire.	VOLUME TOTAL du mélange.
De 99°	à 70	45.94	141.43
	71	43.82	139.41
	72	41.76	137.50
	73	39.75	135.62
	74	37.79	133.78
	75	35.87	132.00
	76	34.01	130.26
	77	32.18	128.57
	78	30.40	126.92
	79	28.65	125.32
	80	26.98	123.75
	81	25.31	122.22
	82	23.68	120.73
	83	22.11	119.28
	84	20.55	117.86
	85	19.02	116.47
	86	17.52	115.12
	87	16.07	113.79
	88	14.62	112.50
	89	13.21	111.24
	90	11.20	110.00
	91	10.42	108.79
	92	9.08	107.61
	93	7.75	106.45
	94	6.44	105.32
	95	5.15	104.21
	96	3.86	103.13
	97	2.57	102.06
	98	1.30	101.02
	99	0.00	100.00
98°	40	152.81	245.00
	41	146.74	239.02
	42	140.95	233.33

DEGRÉ de l'esprit à réduire.	DEGRÉ que l'on veut obtenir.	LITRES D'EAU qu'il faut ajouter à l'hectol. d'esprit à réduire.	VOLUME TOTAL du mélange.
De 98°	à 43	138.89	227.91
	44	132.10	222.73
	45	125.06	217.78
	46	121.21	213.04
	47	115.57	208.51
	48	111.11	204.17
	49	106.93	200.00
	50	102.88	196.00
	51	98.74	192.16
	52	94.91	188.46
	53	91.24	184.90
	54	87.70	181.48
	55	84.27	178.18
	56	80.96	175.00
	57	77.77	171.93
	58	74.67	168.97
	59	71.67	166.10
	60	68.79	163.33
	61	65.98	160.66
	62	63.27	158.06
	63	60.63	155.56
	64	58.08	153.14
	65	55.60	150.77
	66	53.18	148.48
	67	50.84	146.27
	68	48.56	144.12
	69	45.35	142.03
	70	44.19	140.08
	71	42.09	138.03
	72	40.05	136.11
	73	38.06	134.25
	74	36.12	132.43
	75	34.22	130.67
	76	32.38	128.95

DEGRÉ de l'esprit à réduire.	DEGRÉ que l'on veut obtenir.	LITRES D'EAU qu'il faut ajouter à l'hectol. d'esprit à réduire.	VOLUME TOTAL du mélange.
De 98°	à 77	30.58	127.27
	78	28.81	125.64
	79	27.08	124.05
	80	25.42	122.50
	81	23.77	120.99
	82	22.17	119.51
	83	20.60	118.07
	84	19.06	116.67
	85	17.54	115.29
	86	16.06	113.95
	87	14.62	112.64
	88	13.19	111.36
	89	11.79	110.11
	90	10.40	108.89
	91	9.04	107.69
	92	7.70	106.52
	93	6.39	105.38
	94	5.10	104.26
	95	3.81	103.16
	96	2.54	102.08
	97	1.26	101.03
	98	0.00	100.00
97°	40	150.00	242.50
	41	143.99	236.59
	42	138.26	230.95
	43	132.39	225.50
	44	127.53	220.45
	45	122.54	215.56
	46	117.74	210.87
	47	113.14	206.38
	48	108.73	202.08
	49	104.49	197.96
	50	100.41	194.00

DEGRÉ de l'esprit à réduire.	DEGRÉ que l'on veut obtenir.	LITRES D'EAU qu'il faut ajouter à l'hectol. d'esprit à réduire.	VOLUME TOTAL du mélange.
De 97°	à 51	96.48	190.20
	52	92.69	186.54
	53	89.56	183.02
	54	85.15	179.63
	55	82.16	176.36
	56	78.88	173.21
	57	75.72	170.18
	58	72.65	167.24
	59	69.69	164.41
	60	66.82	161.67
	61	64.05	159.02
	62	61.37	156.45
	63	58.76	154.97
	64	56.23	151.77
	65	53.78	149.23
	66	51.39	146.97
	67	49.07	144.78
	68	46.81	142.65
	69	44.63	140.58
	70	42.49	138.57
	71	40.41	136.62
	72	38.39	134.72
	73	35.43	132.88
	74	34.50	131.08
	75	32.62	129.33
	76	30.80	127.63
	77	29.01	125.97
	78	27.27	124.36
	79	25.58	122.78
	80	23.91	121.25
	81	22.28	119.75
	82	20.69	118.29
	83	19.14	116.87
	84	17.61	115.48

DEGRÉ de l'esprit à réduire.	DEGRÉ que l'on veut obtenir.	LITRES D'EAU qu'il faut ajouter à l'hectol. d'esprit à réduire.	VOLUME TOTAL du mélange.
De 97°	à 85	16.11	114.12
	86	14.65	112.79
	87	13.22	111.49
	88	11.80	110.23
	89	10.42	108.99
	90	9.04	107.78
	91	7.69	106.59
	92	6.37	105.43
	93	5.07	104.30
	94	3.79	103.19
	95	2.52	102.11
	96	1.26	101.04
	97	0.00	100.00
96°	40	147.27	240.00
	41	141.25	234.15
	42	135.59	228.57
	43	130.17	223.26
	44	124.97	218.18
	45	120.03	213.33
	46	115.22	208.70
	47	110.73	204.26
	48	106.36	200.00
	49	102.16	195.92
	50	98.13	192.10
	51	94.24	188.24
	52	90.49	184.62
	53	86.89	181.13
	54	83.42	177.78
	55	80.06	174.55
	56	76.82	171.43
	57	73.70	168.42
	58	70.66	165.52
	59	67.73	162.71

DEGRÉ de l'esprit à réduire.	DEGRÉ que l'on veut obtenir.	LITRES D'EAU qu'il faut ajouter à l'hectol. d'esprit à réduire.	VOLUME TOTAL du mélange.
De 96°	à 60	64.49	160.00
	61	62.15	157.58
	62	59.15	154.84
	63	56.91	152.38
	64	54.41	150.01
	65	51.98	147.69
	66	49.61	145.45
	67	47.32	143.28
	68	45.09	141.18
	69	42.92	139.13
	70	40.82	137.14
	71	38.75	135.21
	72	36.75	133.33
	73	34.40	131.51
	74	32.90	129.73
	75	31.04	128.00
	76	29.23	126.32
	77	27.47	124.68
	78	25.74	123.08
	79	24.04	121.52
	80	22.42	120.00
	81	20.80	118.52
	82	19.23	117.07
	83	17.69	115.66
	84	16.19	114.29
	85	14.70	112.94
	86	13.25	111.63
	87	11.84	110.34
	88	10.44	109.09
	89	9.05	107.87
	90	7.70	106.67
	91	6.36	105.49
	92	5.06	104.35
	93	3.77	103.23

DEGRÉ de l'esprit à réduire.	DEGRÉ que l'on veut obtenir.	LITRES D'EAU qu'il faut ajouter à l'hectol. d'esprit à réduire.	VOLUME TOTAL du mélange.
De 96°	à 94	2.51	102.13
	95	1.25	101.05
	96	0.00	100.00
95°	40	144.44	237.50
	41	138.55	231.71
	42	132.95	226.19
	43	127.58	220.93
	44	122.44	215.91
	45	117.54	211.11
	46	112.84	206.52
	47	108.34	202.13
	48	104.03	197.92
	49	99.87	193.88
	50	95.88	190.00
	51	92.02	186.27
	52	88.32	182.69
	53	84.75	179.24
	54	81.33	175.93
	55	78.00	172.73
	56	74.78	169.64
	57	71.78	166.67
	58	68.69	163.79
	59	65.79	161.02
	60	62.98	158.33
	61	60.27	155.74
	62	57.65	153.23
	63	55.08	150.79
	64	52.62	148.45
	65	50.20	146.15
	66	47.86	143.94
	67	45.59	141.79
	68	43.39	139.71
	69	41.24	137.68

DEGRÉ de l'esprit à réduire.	DEGRÉ que l'on veut obtenir.	LITRES D'EAU qu'il faut ajouter à l'hectol. d'esprit à réduire.	VOLUME TOTAL du mélange.
De 95°	à 70	39.14	135.71
	71	37.11	133.80
	72	35.13	131.94
	73	33.21	130.14
	74	31.32	128.38
	75	29.49	126.67
	76	27.70	125.00
	77	25.95	123.35
	78	24.23	121.79
	79	22.56	120.25
	80	20.95	118.75
	81	19.35	117.28
	82	17.79	115.85
	83	16.28	114.46
	84	14.79	113.10
	85	13.31	111.76
	86	11.88	110.47
	87	10.48	109.20
	88	9.09	107.95
	89	7.73	106.74
	90	6.39	105.56
	91	5.07	104.40
	92	3.78	103.26
	93	2.50	102.15
	94	1.24	101.06
	95	0.00	100.00
94°	40	141.69	235.00
	41	135.86	229.27
	42	130.32	223.81
	43	125.00	218.60
	44	119.92	213.64
	45	115.08	208.89
	46	110.43	204.35

DEGRÉ de l'esprit à réduire.	DEGRÉ que l'on veut obtenir.	LITRES D'EAU qu'il faut ajouter à l'hectol. d'esprit à réduire.	VOLUME TOTAL du mélange.
De 94°	à 47	105.97	200.00
	48	101.70	195.83
	49	97.59	191.84
	50	93.64	188.00
	51	89.82	184.31
	52	86.16	180.77
	53	82.63	177.36
	54	79.22	174.07
	55	75.94	170.91
	56	72.77	167.86
	57	69.71	164.91
	58	66.74	162.07
	59	63.86	159.32
	60	61.09	156.67
	61	58.41	154.10
	62	55.80	151.61
	63	53.28	149.20
	64	50.84	146.89
	65	48.45	144.62
	66	46.12	142.42
	67	43.88	140.30
	68	41.70	138.24
	69	39.58	136.23
	70	37.51	134.25
	71	35.48	132.35
	72	33.54	130.56
	73	31.63	128.77
	74	29.76	127.03
	75	27.94	125.33
	76	26.17	123.68
	77	24.44	122.08
	78	22.75	120.51
	79	21.10	118.99
	80	19.50	117.50

DEGRÉ de l'esprit à réduire.	DEGRÉ que l'on veut obtenir.	LITRES D'EAU qu'il faut ajouter à l'hectol. d'esprit à réduire.	VOLUME TOTAL du mélange.
De 94°	à 81	17.92	116.05
	82	16.38	114.63
	83	14.87	113.25
	84	13.40	111.90
	85	11.95	110.59
	86	10.52	109.30
	87	9.14	108.05
	88	7.77	106.82
	89	6.43	105.62
	90	5.08	104.44
	91	3.79	103.30
	92	2.51	102.17
	93	1.25	101.08
	94	0.00	100.00
93°	40	138.95	232.50
	41	133.19	226.83
	42	127.70	221.43
	43	122.45	216.28
	44	117.41	211.36
	45	112.62	206.67
	46	108.01	202.17
	47	103.61	197.87
	48	99.39	193.75
	49	95.32	189.80
	50	91.41	186.00
	51	87.63	182.35
	52	84.02	178.85
	53	80.52	175.47
	54	77.16	172.22
	55	73.90	169.09
	56	70.76	166.07
	57	67.74	163.16
	58	64.79	160.34

DEGRÉ de l'esprit à réduire.	DEGRÉ que l'on veut obtenir.	LITRES D'EAU qu'il faut ajouter à l'hectol. d'esprit à réduire.	VOLUME TOTAL du mélange.
De 94°	à 59	61.96	157.63
	60	59.21	155.00
	61	56.55	152.46
	62	53.98	150.00
	63	51.48	147.62
	64	49.06	145.32
	65	46.70	143.08
	66	44.41	140.91
	67	42.18	138.81
	68	40.02	136.76
	69	37.92	134.78
	70	35.88	132.86
	71	33.38	130.99
	72	31.95	129.17
	73	30.06	127.40
	74	28.22	125.68
	75	26.42	124.00
	76	24.67	122.37
	77	22.95	120.78
	78	21.28	119.23
	79	19.63	117.72
	80	18.06	116.25
	81	16.49	114.81
	82	14.97	113.41
	83	13.49	112.05
	84	12.02	110.71
	85	10.58	109.41
	86	9.18	108.14
	87	7.81	106.90
	88	6.45	105.68
	89	5.12	104.49
	90	3.80	103.33
	91	2.52	102.20
	92	1.21	101.09
	93	0.00	100.00

DEGRÉ de l'esprit à réduire.	DEGRÉ que l'on veut obtenir.	LITRES D'EAU qu'il faut ajouter à l'hectol. d'esprit à réduire.	VOLUME TOTAL du mélange.
De 92°	à 40	136.22	230.00
	41	130.52	224.39
	42	125.09	219.05
	43	119.89	213.95
	44	114.91	209.09
	45	110.17	204.44
	46	105.62	200.00
	47	101.26	195.74
	48	97.09	191.67
	49	93.06	187.76
	50	89.19	184.00
	51	85.46	180.39
	52	81.87	176.92
	53	78.41	173.58
	54	75.09	170.37
	55	71.87	167.27
	56	68.77	164.29
	57	65.77	161.40
	58	62.86	158.62
	59	60.05	155.93
	60	57.33	153.33
	61	54.71	150.82
	62	52.17	148.39
	63	49.68	146.03
	64	47.30	143.70
	65	44.96	141.54
	66	42.69	139.39
	67	40.49	137.31
	68	38.35	135.29
	69	36.28	133.33
	70	34.25	131.43
	71	32.28	129.58
	72	30.37	127.78
	73	28.50	126.03

DEGRÉ de l'esprit à réduire.	DEGRÉ que l'on veut obtenir.	LITRES D'EAU qu'il faut ajouter à l'hectol. d'esprit à réduire.	VOLUME TOTAL du mélange.
De 92°	à 74	26.67	124.32
	75	24.90	122.67
	76	23.16	121.05
	77	21.47	119.48
	78	19.81	117.95
	79	18.19	116.46
	80	16.63	115.00
	81	15.08	113.58
	82	13.58	112.20
	83	12.10	110.84
	84	10.60	109.52
	85	9.24	108.24
	86	7.85	106.98
	87	6.49	105.75
	88	5.15	104.55
	89	3.83	103.37
	90	2.52	102.22
	91	1.25	101.10
	92	0.00	100.00
91°	40	133.50	227.50
	41	127.83	221.92
	42	122.50	216.67
	43	117.35	211.63
	44	112.43	206.82
	45	107.73	202.22
	46	103.24	197.83
	47	98.92	173.62
	48	94.79	189.59
	49	90.80	185.71
	50	86.98	182.00
	51	83.29	178.43
	52	79.74	175.00
	53	76.33	171.70

DEGRÉ de l'esprit à réduire.	DEGRÉ que l'on veut obtenir.	LITRES D'EAU qu'il faut ajouter à l'hectol. d'esprit à réduire.	VOLUME TOTAL du mélange.
De 91°	à 54	73.04	168.52
	55	69.85	165.45
	56	66.78	162.50
	57	63.82	159.65
	58	60.94	156.90
	58	58.16	154.24
	60	55.48	151.67
	61	52.87	149.18
	62	50.35	146.77
	63	47.90	144.04
	64	45.55	142.20
	65	43.23	140.00
	66	40.99	137.88
	67	38.81	135.82
	68	36.70	133.81
	69	34.64	131.88
	70	32.64	130.00
	71	30.69	128.17
	72	28.80	126.39
	73	26.95	124.66
	74	25.14	122.97
	75	23.38	121.33
	76	21.68	119.74
	77	19.99	118.18
	78	18.36	116.67
	79	16.75	115.19
	80	15.21	113.75
	81	13.68	112.35
	82	12.20	110.98
	83	10.74	109.61
	84	9.30	108.33
	85	7.90	107.06
	86	6.52	105.81
	87	5.18	104.60

DEGRÉ de l'esprit à réduire.	DEGRÉ que l'on veut obtenir.	LITRES D'EAU qu'il faut ajouter à l'hectol. d'esprit à réduire.	VOLUME TOTAL du mélange.
De 91°	à 88	3.86	103.41
	89	2.56	102.25
	90	1.26	101.11
	91	0.00	100.00
90°	40	130.79	225.50
	41	125.21	219.51
	42	119.91	214.29
	43	114.82	209.30
	44	109.95	204.59
	45	105.31	200.00
	46	100.85	195.65
	47	96.59	191.49
	48	92.50	187.50
	49	88.56	183.67
	50	84.78	180.00
	51	81.13	176.47
	52	77.62	173.07
	53	74.24	169.81
	54	71.00	166.67
	55	67.85	163.64
	56	64.80	160.71
	57	61.87	157.89
	58	59.02	155.17
	59	56.28	152.54
	60	53.62	150.00
	61	51.05	147.54
	62	48.56	145.16
	63	46.14	142.86
	64	43.80	140.63
	65	41.52	138.46
	66	39.29	136.36
	67	37.15	134.33
	68	35.05	132.35

DEGRÉ de l'esprit à réduire.	DEGRÉ que l'on veut obtenir.	LITRES D'EAU qu'il faut ajouter à l'hectol. d'esprit à réduire.	VOLUME TOTAL du mélange.
De 90°	à 69	33.02	130.43
	70	31.04	128.57
	71	29.11	126.76
	72	27.24	125.00
	73	25.41	123.29
	74	23.62	121.62
	75	21.89	120.00
	76	20.19	118.42
	77	18.53	116.88
	78	16.91	115.38
	79	15.32	113.92
	80	13.80	112.50
	81	12.29	111.11
	82	10.82	109.76
	83	9.37	108.43
	84	7.96	107.14
	85	6.57	105.88
	86	5.21	104.65
	87	3.88	103.45
	88	2.57	102.27
	89	1.28	101.12
	90	0.00	100.00
89°	40	128.07	222.50
	41	122.55	217.07
	42	117.30	211.90
	43	112.28	206.98
	44	107.16	202.27
	45	102.87	197.78
	46	98.47	193.48
	47	94.25	189.36
	48	90.21	185.42
	49	86.31	181.63
	50	82.57	178.00

DEGRÉ de l'esprit à réduire.	DEGRÉ que l'on veut obtenir.	LITRES D'EAU qu'il faut ajouter à l'hectol. d'esprit à réduire.	VOLUME TOTAL du mélange.
De 89°	à 51	78.96	174.51
	52	75.49	171.15
	53	72.15	167.92
	54	68.93	164.81
	55	65.82	161.82
	56	62.82	158.93
	57	59.92	156.14
	58	57.11	153.45
	59	54.39	150.85
	60	51.75	148.33
	61	49.21	145.90
	62	46.76	143.55
	63	44.36	141.27
	64	42.05	139.67
	65	39.78	136.92
	66	37.59	134.85
	67	35.47	132.84
	68	33.39	130.88
	69	31.39	128.99
	70	29.42	127.14
	71	27.52	125.35
	72	25.66	123.61
	73	23.86	121.92
	74	22.10	120.27
	75	20.38	118.67
	76	18.70	117.10
	77	17.05	115.58
	78	15.46	114.10
	79	13.89	112.66
	80	12.38	111.25
	81	10.89	109.88
	82	9.43	108.51
	83	8.00	107.23
	84	6.60	105.95

DEGRÉ de l'esprit à réduire.	DEGRÉ que l'on veut obtenir.	LITRES D'EAU qu'il faut ajouter à l'hectol. d'esprit à réduire.	VOLUME TOTAL du mélange.
De 89°	à 85	5.23	104.71
	86	3.88	103.49
	87	2.57	102.30
	88	1.28	101.14
	89	0.00	100.00
88°	40	125.37	220.00
	41	119.91	214.63
	42	117.30	209.52
	43	112.28	204.65
	44	107.46	200.00
	45	102.87	195.56
	46	98.47	191.30
	47	94.25	187.23
	48	90.21	183.33
	49	86.31	179.59
	50	82.57	176.00
	51	78.96	172.55
	52	75.49	169.23
	53	72.15	166.04
	54	68.93	162.96
	55	65.82	160.00
	56	62.82	157.14
	57	57.99	154.39
	58	55.20	151.72
	59	52.51	149.15
	60	49.92	146.67
	61	47.40	144.26
	62	44.97	141.94
	63	42.60	139.68
	64	40.31	137.50
	65	38.08	135.38
	66	35.91	133.33
	67	33.80	131.34

DEGRÉ de l'esprit à réduire.	DEGRÉ que l'on veut obtenir.	LITRES D'EAU qu'il faut ajouter à l'hectol. d'esprit à réduire.	VOLUME TOTAL du mélange.
De 88°	à 68	31.76	129.41
	69	29.76	127.54
	70	27.83	125.71
	71	25.95	123.94
	72	24.11	122.22
	73	22.34	120.55
	74	20.59	118.92
	75	18.88	117.33
	76	17.23	115.79
	77	15.61	114.29
	78	14.02	112.82
	79	12.47	111.39
	80	10.98	110.00
	81	9.50	108.64
	82	9.06	107.32
	83	6.65	106.02
	84	5.27	104.76
	85	3.01	103.53
	86	2.58	102.33
	87	1.28	101.15
	88	0.00	100.00
87°	40	122.68	217.50
	41	117.29	212.20
	42	112.15	207.14
	43	107.25	202.33
	44	102.54	197.73
	45	98.05	193.33
	46	93.74	189.13
	47	89.63	185.11
	48	85.67	181.25
	49	81.86	177.55
	50	78.21	174.00
	51	74.68	170.59

DEGRÉ de l'esprit à réduire.	DEGRÉ que l'on veut obtenir.	LITRES D'EAU qu'il faut ajouter à l'hectol. d'esprit à réduire.	VOLUME TOTAL du mélange.
De 87°	à 52	71.29	167.31
	53	68.02	164.15
	54	64.88	161.11
	55	61.83	158.18
	56	58.90	155.36
	57	56.06	152.63
	58	53.31	150.00
	59	50.65	147.46
	60	48.08	145.00
	61	45.59	142.62
	62	43.19	140.32
	63	40.86	138.10
	64	35.58	135.94
	65	36.39	133.85
	66	34.24	131.82
	67	32.15	129.85
	68	30.13	127.94
	69	28.18	126.09
	70	26.26	124.29
	71	24.39	122.54
	72	22.57	120.83
	73	20.82	119.18
	74	19.09	117.57
	75	17.41	116.00
	76	15.77	114.47
	77	14.17	112.99
	78	12.60	111.54
	79	11.07	110.13
	80	9.59	108.75
	81	8.13	107.41
	82	6.71	106.10
	83	5.31	104.82
	84	3.94	103.57
	85	1.60	102.35

DEGRÉ de l'esprit à réduire.	DEGRÉ que l'on veut obtenir.	LITRES D'EAU qu'il faut ajouter à l'hectol. d'esprit à réduire.	VOLUME TOTAL du mélange.
De 87°	à 86	1.28	101.16
	87	0.00	100.00
86°	40	126.00	215.00
	41	114.67	209.76
	42	109.60	204.76
	43	104.74	200.00
	44	100.08	195.45
	45	95.65	191.11
	46	91.40	186.96
	47	87.32	182.98
	48	83.42	179.17
	49	79.69	175.51
	50	76.04	172.00
	51	72.55	168.63
	52	69.19	165.38
	53	65.97	162.26
	54	62.86	159.26
	55	59.85	156.36
	56	56.93	153.57
	57	54.15	150.88
	58	51.43	148.28
	59	48.80	145.70
	60	46.26	143.33
	61	43.80	140.98
	62	40.43	138.71
	63	39.11	136.56
	64	36.87	134.38
	65	34.70	132.31
	66	32.57	130.30
	67	30.52	128.36
	68	28.52	126.47
	69	26.58	124.64
	70	24.69	122.86

DEGRÉ de l'esprit à réduire.	DEGRÉ que l'on veut obtenir.	LITRES D'EAU qu'il faut ajouter à l'hectol. d'esprit à réduire.	VOLUME TOTAL du mélange.
De 86°	à 71	22.84	121.13
	72	21.04	119.44
	73	19.31	117.81
	74	17.60	116.22
	75	15.94	114.67
	76	14.32	113.16
	77	12.73	111.69
	78	11.19	110.26
	79	9.67	108.86
	80	8.21	107.50
	81	6.76	106.17
	82	5.36	104.88
	83	3.98	103.61
	84	2.63	102.38
	85	1.30	101.18
	86	0.00	100.00
85°	40	117.32	212.50
	41	112.06	207.32
	42	107.04	202.38
	43	102.23	197.67
	44	97.63	193.18
	45	93.20	188.89
	46	89.05	184.78
	47	85.02	180.85
	48	81.16	177.08
	49	77.44	173.47
	50	73.87	170.00
	51	70.43	166.67
	52	67.11	163.46
	53	63.92	160.38
	54	60.85	157.11
	55	57.88	154.55
	56	55.01	151.79

DEGRÉ de l'esprit à réduire.	DEGRÉ que l'on veut obtenir.	LITRES D'EAU qu'il faut ajouter à l'hectol. d'esprit à réduire.	VOLUME TOTAL du mélange.
De 85°	à 57	52.23	149.12
	58	49.54	146.55
	59	46.95	144.07
	60	44.44	141.67
	61	42.01	139.34
	62	39.66	137.10
	63	37.27	134.82
	64	35.15	132.81
	65	33.01	130.77
	66	30.91	128.79
	67	28.88	126.87
	68	26.90	125.00
	69	24.99	123.19
	70	23.11	121.43
	71	21.29	119.72
	72	19.52	118.06
	73	17.80	116.44
	74	16.11	114.86
	75	14.46	113.33
	76	12.87	111.84
	77	11.30	110.39
	78	9.77	108.97
	79	8.27	107.59
	80	6.83	106.25
	81	5.40	104.94
	82	4.01	103.66
	83	2.65	102.41
	84	1.31	101.19
	85	0.00	100.00
84°	40	114.64	210.00
	41	109.44	204.88
	42	104.48	200.00
	43	99.74	195.35

DEGRÉ de l'esprit à réduire.	DEGRÉ que l'on veut obtenir.	LITRES D'EAU qu'il faut ajouter à l'hectol. d'esprit à réduire.	VOLUME TOTAL du mélange.
De 84°	à 44	95.19	190.91
	45	90.86	186.67
	46	86.70	182.61
	47	82.72	178.72
	48	78.91	175.00
	49	75.23	171.43
	50	71.70	168.00
	51	68.30	164.71
	52	65.02	161.54
	53	61.87	158.49
	54	58.84	155.56
	55	55.89	152.73
	56	53.05	150.00
	57	50.32	147.37
	58	47.66	144.83
	59	45.09	142.37
	60	42.62	140.00
	61	40.21	137.70
	62	37.89	135.48
	63	35.63	133.33
	64	33.44	131.25
	65	31.32	129.23
	66	29.23	127.27
	67	27.23	125.37
	68	25.29	123.53
	69	23.39	121.74
	70	21.54	120.00
	71	19.74	118.31
	72	17.99	116.67
	73	16.29	115.07
	74	14.62	113.51
	75	13.00	112.00
	76	11.42	110.53
	77	9.87	109.09

DEGRÉ de l'esprit à réduire.	DEGRÉ que l'on veut obtenir.	LITRES D'EAU qu'il faut ajouter à l'hectol. d'esprit à réduire.	VOLUME TOTAL du mélange.
De 84°	à 78	8.35	107.69
	79	6.88	106.33
	80	5.45	105.00
	81	4.03	103.70
	82	2.60	102.44
	83	1.32	101.20
	84	0.00	100.00
83°	40	111.97	207.50
	41	106.83	202.44
	42	101.93	197.62
	43	97.24	193.02
	44	92.75	188.64
	45	88.47	184.44
	46	84.36	180.43
	47	80.44	176.60
	48	76.67	172.92
	49	73.03	169.39
	50	69.54	166.00
	51	66.18	162.75
	52	62.95	159.62
	53	59.82	156.60
	54	56.82	153.70
	55	53.92	150.91
	56	51.11	148.21
	57	48.41	145.61
	58	45.79	143.10
	59	43.26	140.68
	60	40.80	138.33
	61	38.44	136.07
	62	36.14	133.87
	63	33.91	131.75
	64	31.74	129.69
	65	29.64	127.69

DEGRÉ de l'esprit à réduire.	DEGRÉ que l'on veut obtenir.	LITRES D'EAU qu'il faut ajouter à l'hectol. d'esprit à réduire.	VOLUME TOTAL du mélange.
De 83°	à 66	27.60	125.76
	67	25.61	123.88
	68	23.68	122.06
	69	21.81	120.29
	70	19.98	118.57
	71	18.20	116.90
	72	16.47	115.28
	73	14.79	113.70
	74	13.14	112.16
	75	11.54	110.67
	76	9.98	109.21
	77	8.44	107.79
	78	6.95	106.41
	79	5.48	105.06
	80	4.08	103.75
	81	2.69	102.47
	82	1.33	101.22
	83	0.00	100.00
82°	40	109.31	205.00
	41	104.23	200.00
	42	99.39	195.24
	43	94.76	190.70
	44	90.32	186.36
	45	86.09	182.22
	46	82.04	178.26
	47	78.15	174.47
	48	74.42	170.83
	49	70.84	167.35
	50	67.39	164.00
	51	64.06	160.78
	52	60.87	157.69
	53	57.79	154.71
	54	54.83	151.85

DEGRÉ de l'esprit à réduire.	DEGRÉ que l'on veut obtenir.	LITRES D'EAU qu'il faut ajouter à l'hectol. d'esprit à réduire.	VOLUME TOTAL du mélange.
De 82°	à 55	51.96	149.09
	56	49.19	146.43
	57	46.52	143.86
	58	42.93	141.38
	59	41.42	138.98
	60	39.00	136.67
	61	36.66	134.43
	62	34.39	132.26
	63	32.19	130.16
	64	30.05	128.13
	65	28.08	126.26
	66	25.95	124.24
	67	23.99	122.39
	68	22.09	120.59
	69	20.23	118.84
	70	18.42	117.14
	71	16.67	115.49
	72	14.96	113.89
	73	13.30	112.33
	74	11.67	110.81
	75	10.08	109.33
	76	8.54	107.89
	77	7.03	106.49
	78	5.56	105.13
	79	4.11	103.80
	80	2.72	102.50
	81	1.34	101.23
	82	0.00	100.00
81°	40	106.65	202.50
	41	101.63	197.56
	42	96.86	192.86
	43	92.28	188.37
	44	87.89	184.09

DEGRÉ de l'esprit à réduire.	DEGRÉ que l'on veut obtenir.	LITRES D'EAU qu'il faut ajouter à l'hectol. d'esprit à réduire.	VOLUME TOTAL du mélange.
De 81°	à 45	83.73	180.00
	46	79.71	176.09
	47	75.87	172.34
	48	72.19	168.75
	49	68.65	165.31
	50	65.25	162.00
	51	61.96	158.82
	52	58.80	155.77
	53	55.76	152.83
	54	52.84	150.00
	55	50.00	147.27
	56	47.26	144.66
	57	44.63	142.11
	58	42.06	139.65
	59	39.59	137.29
	60	37.20	135.00
	61	34.89	132.79
	62	32.65	130.65
	63	30.46	128.57
	64	28.35	126.56
	65	26.31	124.62
	66	24.31	122.73
	67	22.38	120.90
	68	20.49	119.12
	69	18.66	117.39
	70	16.87	115.71
	71	15.14	114.08
	72	13.45	112.50
	73	11.81	110.96
	74	10.21	109.46
	75	8.64	108.00
	76	7.12	106.58
	77	5.62	105.19
	78	4.17	103.85

DEGRÉ de l'esprit à réduire.	DEGRÉ que l'on veut obtenir.	LITRES D'EAU qu'il faut ajouter à l'hectol. d'esprit à réduire.	VOLUME TOTAL du mélange.
De 81°	à 79	2.73	102.53
	80	1.36	101.25
	81	0.00	100.00
80°	40	103.99	200.00
	41	99.03	195.12
	42	94.32	190.48
	43	89.80	186.05
	44	85.47	181.82
	45	81.34	177.78
	46	77.38	173.91
	47	73.59	170.21
	48	69.96	166.67
	49	66.46	163.27
	50	63.10	160.00
	51	59.85	156.86
	52	56.74	153.85
	53	53.73	150.94
	54	50.84	148.15
	55	48.03	145.45
	56	45.34	142.86
	57	42.73	140.35
	58	40.20	137.93
	59	37.75	135.59
	60	35.39	133.33
	61	33.11	131.15
	62	30.90	129.03
	63	28.74	126.98
	64	26.66	125.00
	65	24.64	123.08
	66	22.66	121.21
	67	20.75	119.40
	68	18.89	117.65
	69	17.09	115.94

DEGRÉ de l'esprit à réduire.	DEGRÉ que l'on veut obtenir.	LITRES D'EAU qu'il faut ajouter à l'hectol. d'esprit à réduire.	VOLUME TOTAL du mélange.
De 80°	à 70	15.33	114.29
	71	13.61	112.68
	72	11.94	111.11
	73	10.32	109 59
	74	8.74	108.11
	75	7.19	106 67
	76	5.68	105.26
	77	4.21	103.90
	78	2.76	102.56
	79	1.36	101.27
	80	0.00	100.00
79°	40	101.35	197.50
	41	96.45	192.68
	42	91.80	188.10
	43	87.33	183.72
	44	82.06	179.55
	45	78.99	175.56
	46	75.08	171.74
	47	71.34	168.09
	48	67.74	164.58
	49	64.28	161.22
	50	60.97	158 00
	51	57.76	154.90
	52	54.68	151.92
	53	51.71	149.05
	54	48 87	146 30
	55	46.10	143 64
	56	43.43	141.07
	57	40.86	138.60
	58	38 36	136.21
	59	35.95	133.90
	60	33.62	131.67
	61	31,36	129.51

DEGRÉ de l'esprit à réduire.	DEGRÉ que l'on veut obtenir.	LITRES D'EAU qu'il faut ajouter à l'hectol. d'esprit à réduire.	VOLUME TOTAL du mélange.
De 79°	à 62	29.17	127.42
	63	27.05	125.40
	64	24.99	123.44
	65	22 99	121.54
	66	21.04	119.70
	67	19 15	117.91
	68	17.32	116.18
	69	15.53	114 49
	70	13.80	112.86
	71	12.10	111.27
	72	10.45	109.72
	73	8.85	108.22
	74	7.29	106.76
	75	5.76	105.33
	76	4 27	103 95
	77	2.82	102.60
	78	1.39	101.28
	79	0.00	100.00
78°	40	98.69	195 00
	41	93.85	190.24
	42	89.25	185.71
	43	84.86	181.40
	44	80.63	177.27
	45	76.61	173.33
	46	72.75	169.57
	47	69.06	165.96
	48	65.51	162.50
	49	62.09	159.18
	50	58.82	156 00
	51	55,66	152.94
	52	52.62	150.00
	53	49.69	147.17
	54	46.87	144.41

DEGRÉ de l'esprit à réduire.	DEGRÉ que l'on veut obtenir.	LITRES D'EAU qu'il faut ajouter à l'hectol. d'esprit à réduire.	VOLUME TOTAL du mélange.
De 78°	à 55	44 14	141 81
	56	41.51	139.29
	57	38.96	136.84
	58	36.50	134.48
	59	34.11	132.20
	60	31.81	130.00
	61	29 59	127.87
	62	27.43	125.81
	63	25.33	123.81
	64	23.30	121.88
	65	21.32	120.00
	66	19.40	118.18
	67	17.53	116.42
	68	15.72	114.71
	69	13.96	113 04
	70	12.24	111.43
	71	10.57	109.86
	72	8.94	108.33
	73	7.37	106.85
	74	5.82	105.40
	75	4.31	104.00
	76	1.84	101.63
	77	1.40	101.30
	78	0.00	100.00
77°	40	96.04	192.50
	41	91.27	187.80
	42	86.72	183 33
	43	82 38	179.07
	44	78.21	175.00
	45	74.24	171.11
	46	70.43	167.39
	47	66.78	163.83
	48	63.29	160.42

DEGRÉ de l'esprit à réduire.	DEGRÉ que l'on veut obtenir.	LITRES D'EAU qu'il faut ajouter à l'hectol. d'esprit à réduire.	VOLUME TOTAL du mélange.
De 77°	à 49	59.91	157.14
	50	56.68	154.00
	51	53.56	150.98
	52	50.56	148.08
	53	47.66	145.28
	54	44.88	142.59
	55	42.19	140.00
	56	39.59	137.50
	57	37.08	135.09
	58	34.65	132.76
	59	32.29	130.51
	60	30.02	128.83
	61	27.82	126.23
	62	25.69	124.19
	63	23.62	122.22
	64	21.62	120.32
	65	19.66	118.46
	66	17.77	116.67
	67	15.93	114.93
	68	14.14	113.24
	69	12.39	111.59
	70	10.70	110.00
	71	9.05	108.45
	72	7.44	106.94
	73	5.89	105.48
	74	4.35	104.05
	75	1.87	102.67
	76	1.42	101.32
	77	0.00	100.00
76°	40	93.39	190.00
	41	88.69	185.37
	42	84.20	180.95
	43	79.90	176.74

DEGRÉ de l'esprit à réduire.	DEGRÉ que l'on veut obtenir.	LITRES D'EAU qu'il faut ajouter à l'hectol. d'esprit à réduire.	VOLUME TOTAL du mélange.
De 76°	à 44	75.80	172.73
	45	71.88	168.89
	46	68.12	165.22
	47	64.51	161.70
	48	61.06	158.33
	49	57.73	155.10
	50	54.54	152.00
	51	51.46	149.02
	52	48.50	146.16
	53	45.64	143.39
	54	42.90	140.74
	55	40.24	138.18
	56	37.67	135.71
	57	35.19	133.33
	58	32.79	131.03
	59	30.47	128.81
	60	29.23	127.67
	61	26.06	124.59
	62	23.96	122.58
	63	21.90	120.63
	64	19.93	118.75
	65	18.00	116.92
	66	16.13	115.15
	67	14.31	113.43
	68	12.54	111.76
	69	10.83	110.14
	70	9.16	108.57
	71	7.53	107.04
	72	5.95	105.56
	73	4.41	104.11
	74	2.90	102.70
	75	1.43	101.33
	76	0.00	100.00

DEGRÉ de l'esprit à réduire.	DEGRÉ que l'on veut obtenir.	LITRES D'EAU qu'il faut ajouter à l'hectol. d'esprit à réduire.	VOLUME TOTAL du mélange.
De 75°	à 40	90.75	187.50
	41	86.11	182.93
	42	81.68	178.57
	43	77.45	174.42
	44	73.38	170.45
	45	69.52	166.67
	46	65.80	163.04
	47	62.25	159.57
	48	58.85	156.25
	49	55.57	153.06
	50	52.42	150.00
	51	49.37	147.06
	52	46.45	144.23
	53	43.63	141.51
	54	40.92	138.89
	55	38.29	136.36
	56	35.77	133.93
	57	33.32	131.58
	58	30.95	129.31
	59	28.66	127.12
	60	26.45	125.00
	61	24.30	122.95
	62	22.23	120.97
	63	20.21	119.05
	64	18.26	117.19
	65	16.35	115.38
	66	14.51	113.64
	67	12.71	111.94
	68	10.97	110.29
	69	9.29	108.70
	70	7.62	107.14
	71	6.02	105.63
	72	4.46	104.17
	73	2.94	102.74

DEGRÉ de l'esprit à réduire.	DEGRÉ que l'on veut obtenir.	LITRES D'EAU qu'il faut ajouter à l'hectol. d'esprit à réduire.	VOLUME TOTAL du mélange.
De 75°	à 74	1.45	101.35
	75	0.00	100.00
74°	40	88.11	185 00
	41	83.53	180.49
	42	79.16	176.19
	43	74 99	172.70
	44	70.97	168.18
	45	67.16	164.44
	46	63.50	160.87
	47	60.00	157.45
	48	56.64	154.17
	49	53.39	151 03
	50	50.29	148.00
	51	47.29	145.10
	52	44.40	142.31
	53	41.62	139 62
	54	38.95	137.04
	55	36.36	134.55
	56	33.86	132.14
	57	31.44	129.83
	58	29.10	127.58
	59	26.84	125.42
	60	24.66	123.33
	61	22.55	121.31
	62	20 50	119.35
	63	18.51	117.46
	64	16.59	115.63
	65	14.71	113.85
	66	12 88	112.12
	67	11.12	110.45
	68	9.39	108.82
	69	7.73	107.25
	70	6.09	105.71

DEGRÉ de l'esprit à réduire.	DEGRÉ que l'on veut obtenir.	LITRES D'EAU qu'il faut ajouter à l'hectol. d'esprit à réduire.	VOLUME TOTAL du mélange.
De 74°	à 71	4.51	104.23
	72	2.97	102.78
	73	1.47	101.37
	74	0.00	100.00
73°	40	85.47	182.50
	41	80.95	178.05
	42	76.64	173.82
	43	72.52	169.77
	44	68.57	165.91
	45	64.80	162.22
	46	61.20	158.70
	47	57.74	155.32
	48	54.42	152.08
	49	49.23	149.98
	50	48.16	146.00
	51	45.20	143.14
	52	42.35	140.38
	53	39.60	137.73
	54	36.98	135.19
	55	34.42	132.73
	56	31.96	130.36
	57	29.57	128.07
	58	27.26	125.86
	59	25.09	123.73
	60	22.88	121.67
	61	20.79	119.67
	62	18.78	117.74
	63	16.81	115.87
	64	14.92	114.07
	65	13.06	112.31
	66	11.27	110.61
	67	9.52	108.96
	68	7.82	107.35

DEGRÉ de l'esprit à réduire.	DEGRÉ que l'on veut obtenir.	LITRES D'EAU qu'il faut ajouter à l'hectol. d'esprit à réduire.	VOLUME TOTAL du mélange.
De 73°	à 69	6.18	105.80
	70	4.57	104.29
	71	3.00	102 82
	72	1.48	101.39
	73	0.00	100.00
72°	40.	82.84	180.00
	41	78.38	175 61
	42	74.14	171.43
	43	70.07	167.44
	44	66.17	163.64
	45.	62.46	160.00
	46	58.89	156.52
	47.	53.48	153 19
	48.	52.21	150.00
	49.	49.07	146 94
	50.	46.04	144.00
	51.	43.12	141.18
	52	40.31	138.46
	53.	37.61	135.85
	54	35.00	133.33
	55.	32.49	130.91
	56.	30.05	128 57
	57.	27.71	126.32
	58.	25.44	124.14
	59.	23.23	122.03
	60.	21.11	120.00
	61.	19 05	118.03
	62	17.06	116.13
	63.	15.13	114.29
	64	13.25	112.50
	65	11.43	110.77
	66	9.65	109.09
	67	7.92	107.46

DEGRÉ de l'esprit à réduire.	DEGRÉ que l'on veut obtenir.	LITRES D'EAU qu'il faut ajouter à l'hectol. d'esprit à réduire.	VOLUME TOTAL du mélange
De 72°	à 68	6.25	105.88
	69	4.63	104.35
	70	3.05	102.86
	71	1.50	101.41
	72	0.00	100.00
71°	40	80.21	117.50
	41	75.81	173.17
	42	71.63	169 05
	43	67.62	165.12
	44	63.77	161.36
	45	60 12	157.78
	46	56.60	154.35
	47	53.23	151.06
	48	50.01	147.92
	49	46.91	144.90
	50	43.92	142.00
	51	41.05	139.22
	52	38.27	136.54
	53	35.61	133.96
	54	33.04	131.48
	55	30.56	129.09
	56	28.16	126.79
	57	25.85	124.56
	58	23.60	122.41
	59	21.43	120.34
	60	19.33	118 33
	61	17.30	116.39
	62	15.35	114.52
	63	13.44	112.70
	64	11.59	110.94
	65	9.79	109 23
	66	8.04	107 58
	67	6.34	105.97

DEGRÉ de l'esprit à à réduire.	DEGRÉ que l'on veut obtenir.	LITRES D'EAU qu'il faut ajouter à l'hectol. d'esprit à réduire.	VOLUME TOTAL du mélange.
De 71°	à 68	4.69	104.41
	69	3.09	102.90
	70	1.42	101.43
	71	0.00	100.00
70°	40	77.58	175 00
	41	72.84	170.33
	42	69.12	166.67
	43	65.16	162.79
	44	61.37	159.09
	45	57.77	155.56
	46	54.30	152.17
	47	50.99	148 94
	48	47.80	145.83
	49	44.75	142.86
	50	41.80	140 00
	51	38.96	137 25
	52	36.24	134 62
	53	33.60	132.07
	54	31.08	129.63
	55	28.62	127.27
	56	26.26	125 00
	57	23.98	122.73
	58	21.77	120.69
	59	19.63	118.64
	60	17.57	116.67
	61	15.56	114.75
	62	13.63	112.90
	63	11.74	111.11
	64	9 92	109.38
	65	8.15	107.69
	66	6.42	106.06
	67	4.75	104.48
	68	3.12	102.94

DEGRÉ de l'esprit à réduire.	DEGRÉ que l'on veut obtenir.	LITRES D'EAU qu'il faut ajouter à l'hectol. d'esprit à réduire.	VOLUME TOTAL du mélange.
De 70°	à 69	1.54	101.45
	70	0.00	100.00
69°	40	74.95	172.50
	41	70.67	168 29
	42	66.61	164.29
	43	62.71	160.47
	44	58 98	156 82
	45	55.42	153 33
	46	52.00	150.00
	47	48.74	146.81
	48	45.60	143.75
	49	42 59	140.82
	50	39.68	138.00
	51	36.88	135.29
	52	34.19	132.69
	53	31.60	130.19
	54	29.11	127.78
	55	26.69	125.45
	56	24.36	123 21
	57	22.12	121.05
	58	19.94	118.97
	59	17 83	116 95
	60	15.79	115 00
	61	13.81	113.11
	62	11.91	111.29
	63	10.05	109.52
	64	8.25	107.81
	65	6.51	106.15
	66	4.81	104.55
	67	3.16	102.99
	68	1.55	101.47
	69	0.00	100.00

DEGRÉ de l'esprit à réduire.	DEGRÉ que l'on veut obtenir.	LITRES D'EAU qu'il faut ajouter à l'hectol. d'esprit à réduire.	VOLUME TOTAL du mélange.
De 68°	à 40	72.83	170.00
	41	68.12	165.85
	42	64.10	161.90
	43	60.27	158.14
	44	56.59	154.55
	45	53.08	151.11
	46	49.72	147.83
	47	46.49	144.68
	48	43.41	141.67
	49	40.44	138.78
	50	37.57	136.00
	51	34.81	133.33
	52	32.17	130.77
	53	29.61	128.30
	54	27.16	125.93
	55	24.78	123.64
	56	22.48	121.43
	57	20.27	119.30
	58	18.81	117.24
	59	16.03	115.25
	60	14.03	113.33
	61	12.09	111.48
	62	10.21	109.68
	63	8.38	107.94
	64	6.60	106.25
	65	4.89	104.62
	66	3.21	103.03
	67	1.58	101.49
	68	0.00	100.00
67°	40	69.71	167.50
	41	65.56	163.41
	42	61.61	159.52
	43	57.83	155.81

DEGRÉ de l'esprit à réduire.	DEGRÉ que l'on veut obtenir.	LITRES D'EAU qu'il faut ajouter à l'hectol. d'esprit à réduire.	VOLUME TOTAL du mélange.
De 67°	à 44	54.20	152.27
	45	50.75	148.89
	46	47.43	145.65
	47	44.25	142.55
	48	41.21	139.58
	49	39.27	137.73
	50	35.47	134.00
	51	32.75	131.37
	52	30.14	128.85
	53	27.62	126.41
	54	25.20	124.07
	55	22.86	121.82
	56	20.59	119.64
	57	18.41	117.54
	58	16.27	115.52
	59	14.24	113.56
	60	12.27	111.67
	61	10.36	109.84
	62	8.50	108.06
	63	6.70	106.35
	64	4.95	104.69
	65	3.26	103.08
	66	1.61	101.52
	67	0.00	100.00
66°	40	67.09	165.00
	41	63.01	160.98
	42	59.11	157.14
	43	55.39	153.49
	44	51.81	150.00
	45	48.44	146.67
	46	45.15	143.48
	47	42.02	140.43
	48	39.02	137.50

DEGRÉ de l'esprit à réduire.	DEGRÉ que l'on veut obtenir.	LITRES D'EAU qu'il faut ajouter à l'hectol. d'esprit à réduire.	VOLUME TOTAL du mélange.
De 66°	à 49	36.13	134.69
	50	33.36	132.00
	51	30.68	129.41
	52	28.10	126.92
	53	25.63	124.53
	54	23.24	122,22
	55	20.93	120.00
	56	18.71	117.86
	57	16.56	115.79
	58	14.47	113.79
	59	12.45	111.86
	60	10.50	110.00
	61	8.62	108.20
	62	6.79	106.45
	63	5.02	104.76
	64	3.30	103.13
	65	1.63	101.54
	66	0.00	100.00
65°	40	64.47	162.50
	41	60.45	158.54
	42	56.61	154.76
	43	52.94	151.16
	44	49.43	147.73
	45	46.07	144.44
	46	42.85	141.30
	47	39.78	138.30
	48	36.83	135.42
	49	33.98	132.65
	50	31.25	130.00
	51	28.61	127.45
	52	26.08	125.00
	53	23.64	122.64
	54	21.29	120.37

DEGRÉ de l'esprit à réduire.	DEGRÉ que l'on veut obtenir.	LITRES D'EAU qu'il faut ajouter à l'hectol. d'esprit à réduire	VOLUME TOTAL du mélange.
De 65°	à 55	19 01	118 18
	56	16.82	116.07
	57	14.70	114.03
	58	12.65	112.07
	59	10.66	110.17
	60	8.74	108 33
	61	6 89	106.56
	62	5.09	104.84
	63	3.33	103.17
	64	1.64	101.56
	65	0.00	100.00
64°	40	61.86	160.00
	41	57.90	156.10
	42	54.12	152 38
	43	50.51	148.84
	44	47.04	145.45
	45	43.74	142.22
	46	40 58	130.13
	47	37 55	136.17
	48	34.64	133.33
	49	31.84	130.61
	50	29.15	128.00
	51	26.55	125 49
	52	24 05	123.07
	53	21.65	120.75
	54	19.35	118.52
	55	17 10	116.36
	56	14.95	114.29
	57	12.86	112.28
	58	10.83	110.34
	59	8.87	108.47
	60	6.99	106.67
	61	5.16	104.92

DEGRÉ de l'esprit à réduire.	DEGRÉ que l'on veut obtenir.	LITRES D'EAU qu'il faut ajouter à l'hectol. d'esprit à réduire.	VOLUME TOTAL du mélange.
De 64°	à 62	3.40	103.23
	63	1.67	101.59
	64	0.00	100.00
63°	40	59 25	157.50
	41	55.35	153.66
	42	51.64	150.00
	43	48.07	146.51
	44	44.66	143.18
	45	41.42	140.00
	46	38.31	136.96
	47	35.31	134.04
	48	32.26	131.25
	49	29.70	128.57
	50	27.05	126.00
	51	24.50	123.53
	52	22.04	121.15
	53	19.68	118.87
	54	17.40	116.67
	55	15.20	114.55
	56	13.07	112 50
	57	11.02	110.53
	58	9.02	108.62
	59	7.10	106.78
	60	5.24	105.00
	61	3.44	103.28
	62	1.69	101.61
	63	0.00	100.00
62°	40	56.64	155.00
	41	52.80	151.22
	42	49.15	147.62
	43	45.65	144.19

DEGRÉ de l'esprit à réduire.	DEGRÉ que l'on veut obtenir.	LITRES D'EAU qu'il faut ajouter à l'hectol. d'esprit à réduire.	VOLUME TOTAL du mélange.
De 62°	à 44	42.29	140 91
	45	39.10	137.78
	46	36.02	134.78
	47	33.08	131.91
	48	30.27	129.17
	49	27.56	126.53
	50	24.95	124.00
	51	22.44	121.57
	52	20.02	119.23
	53	17.69	116.98
	54	15 45	114.81
	55	13.38	112.73
	56	11.18	110.71
	57	9.17	108.77
	58	7.21	106.00
	59	5.31	105.64
	60	3.48	103.33
	61	1.71	101.08
	62	0.00	100.00
61°	40	54.05	152.50
	41	50.27	148.78
	42	46.67	145 24
	43	43 22	141.86
	44	39.92	138.64
	45	36.78	135.56
	46	33.76	132.61
	47	30 87	129.79
	48	28 09	127.08
	49	25.43	124.49
	50	22.86	122.00
	51	20.39	119.61
	52	18.01	117.31
	53	15.72	115.09

DEGRÉ de l'esprit à réduire.	DEGRÉ que l'on veut obtenir.	LITRES D'EAU qu'il faut ajouter à l'hectol. d'esprit à réduire.	VOLUME TOTAL du mélange.
De 61°	à 54	13,52	112.96
	55	11.38	110,91
	56	9,32	108.93
	57	7,34	107 02
	58	5,40	105,17
	59	3.54	103,39
	60	1.75	101.67
	61	0.00	100.00
60°	40	51.44	150.00
	41	47.73	146 34
	42	44.19	142.86
	43	40.59	139 53
	44	37.55	136,36
	45	34.46	133.33
	46	31.48	130.43
	47	28.65	127.66
	48	25 92	125.00
	49	23.30	122.45
	50	20.78	120.00
	51	18.34	117.65
	52	16.00	115.38
	53	13 75	113.21
	54	11.58	111.11
	55	9.48	109,09
	56	7.45	107.14
	57	5.50	105.26
	58	3 61	103.45
	59	1.77	101.69
	60	0.00	100.00
59°	40	48.85	147.50
	41	45.19	143.90
	42	41.71	140.48

DEGRÉ de l'esprit à réduire.	DEGRÉ que l'on veut obtenir.	LITRES D'EAU qu'il faut ajouter à l'hectol. d'esprit à réduire.	VOLUME TOTAL du mélange.
De 59°	à 43	38.38	137.21
	44	35.18	134.09
	45	32.14	131.11
	46	29.22	128.26
	47	26.43	125.53
	48	23.75	122.92
	49	21.17	120.41
	50	18.69	118.00
	51	16.30	115.69
	52	13.99	113.46
	53	11.78	111.32
	54	9.65	109.26
	55	7.58	107.27
	56	5.59	105.36
	57	3.67	103.51
	58	1.80	101.72
	59	0.00	100.00
58°	40	46.25	145.00
	41	42.65	141.46
	42	39.24	138.10
	43	35.95	134.88
	44	32.82	131.82
	45	29.83	128.89
	46	26.96	126.09
	47	24.20	123.40
	48	21.57	120.83
	49	19.04	118.37
	50	16.60	116.00
	51	14.25	113.73
	52	11.99	111.54
	53	9.80	109.43
	54	7.72	107.41
	55	5.68	105.45

DEGRÉ de l'esprit à réduire.	DEGRÉ que l'on veut obtenir.	LITRES D'EAU qu'il faut ajouter à l'hectol. d'esprit à réduire.	VOLUME TOTAL du mélange.
De 58°	à 56	3.72	103 57
	57	1.83	101.75
	58	0.00	100.00
57°	40	43.65	142.50
	41	40.11	139.02
	42	36.75	135.71
	43	33.53	132.56
	44	30.45	129.55
	45	27.51	126.67
	46	24.69	123.91
	47	21.99	121.28
	48	19.40	118.75
	49	16.91	116.33
	50	14.51	114.00
	51	12.19	111.76
	52	9.98	109.62
	53	7.84	107.55
	54	5.78	105.56
	55	3.78	103.64
	56	1.86	101.79
	57	0.00	100 00
56°	40	41.06	140.00
	41	37.59	136.59
	42	34.28	133.33
	43	31.12	130.23
	44	28 09	127.27
	45	25 20	124.44
	46	22.43	121.74
	47	19.78	119.15
	48	17.24	116.67
	49	14.79	114.29
	50	12.43	112.00

DEGRÉ de l'esprit à réduire.	DEGRÉ que l'on veut obtenir.	LITRES D'EAU qu'il faut ajouter à l'hectol. d'esprit à réduire.	VOLUME TOTAL du mélange.
De 56°	à 51	10.16	109.80
	52	7.97	107.69
	53	5.87	105.66
	54	3.85	103.70
	55	1.89	101.82
	56	0.00	100.00
55°	40	38.47	137.50
	41	35.06	134.15
	42	31.81	130 95
	43	28.71	127.91
	44	25.73	125.00
	45	22.89	122.22
	46	20.18	119.57
	47	17.57	117.02
	48	15.07	114.58
	40	12.66	112 24
	50	10.35	110.00
	51	8.12	107.84
	52	5.98	105.77
	53	3.91	103.77
	54	1.92	101.85
	55	0.00	100.00
54°	40	35.88	135.00
	41	32.53	131.71
	42	29.34	128.57
	43	26.29	125.58
	44	23.37	122.73
	45	20.59	120.00
	46	17.91	117 39
	47	15.35	114.89
	48	12.91	112.50
	49	10.54	110.20

DEGRÉ de l'esprit à réduire.	DEGRÉ que l'on veut obtenir.	LITRES D'EAU qu'il faut ajouter à l'hectol. d'esprit à réduire.	VOLUME TOTAL du mélange.
De 54°	à 50	8.27	108.00
	51	6.08	105.88
	52	3.98	103 85
	53	1.95	101.89
	54	0.00	100.00
53°	40	33.30	132.50
	41	30.02	129.27
	42	26.89	126.19
	43	23.90	123.26
	44	21.02	120.45
	45	18.30	117.78
	46	15.67	115.22
	47	13.16	112.77
	48	10.76	110.42
	49	8.43	108.16
	50	6.21	106.00
	51	4.05	103.92
	52	1.99	101.92
	53	0.00	100.00
52°	40	30.72	130.00
	41	27.50	126.83
	42	24.43	123.81
	43	21.49	120.93
	44	18.67	118.18
	45	16.00	115.56
	46	13.42	113.04
	47	10.96	110.64
	48	8.59	108.33
	49	6.32	106.12
	50	4.14	104.00
	51	2.03	101.96
	52	0.00	100.00

DEGRÉ de l'esprit à réduire.	DEGRÉ que l'on veut obtenir.	LITRES D'EAU qu'il faut ajouter à l'hectol. d'esprit à réduire.	VOLUME TOTAL du mélange.
De 51°	à 40	28.14	127.50
	41	24.98	124.39
	42	21.97	121.43
	43	19.08	118 60
	44	16 33	115.91
	45	13.70	113.33
	46	11 18	110.87
	47	8.76	108.51
	48	6.44	106.25
	49	4.21	104.08
	50	2 07	102.00
	51	0.00	100.00
50°	40	25.56	125.00
	41	22.46	121.95
	42	19.51	119.05
	43	16 69	116.28
	44	13.98	113 64
	45	11.45	111.11
	46	8 92	108.70
	47	6.56	106.38
	48	4.29	104.17
	49	2.10	102 04
	50	0 00	100.00
49°	40	22.99	122.50
	41	19.95	119.51
	42	17.06	116.67
	43	14.29	113.95
	44	11.64	111.36
	45	9.12	108.89
	46	6.69	106.52
	47	4.37	104.26
	48	2.14	102.08
	49	0.00	100.00

DEGRÉ de l'esprit à réduire.	DEGRÉ que l'on veut obtenir.	LITRES D'EAU qu'il faut ajouter à l'hectol. d'esprit à réduire.	VOLUME TOTAL du mélange.
De 48°	à 40	20.42	120.00
	41	17.44	117.07
	42	14.62	114.29
	43	11.90	111.63
	44	9.30	109.09
	45	6.83	106,67
	46	4.67	104 56
	47	2.18	102.13
	48	0.00	100.00
47°	40	17.86	117.50
	41	14.94	114.63
	42	12.17	111.90
	43	9.52	109.30
	44	6.98	106.82
	45	4.55	104.44
	46	2 22	102.17
	47	0.00	100.00
46°	40	15.30	115.00
	41	12.45	112.20
	42	0.73	109 52
	43	7.14	106.98
	44	4.65	104 55
	45	2.27	102 22
	46	0.00	100.00
45°	40	12.74	112.50
	41	9.95	109.76
	42	7.20	107.14
	43	4.75	104.65
	44	2.32	102.27
	45	0.00	100.00

DEGRÉ de l'esprit à réduire.	DEGRÉ que l'on veut obtenir.	LITRES D'EAU qu'il faut ajouter à l'hectol. d'esprit à réduire.	VOLUME TOTAL du mélange.
De 44°	à 40	10.19	110.00
	41	7.47	107.32
	42	4.87	104.76
	43	2.39	102.33
	44	0.00	100.00
43°	40	7.63	107.50
	41	4.97	104.88
	42	2.43	102.38
	43	0.00	100.00
42°	40	5.08	105.00
	41	2.48	102.44
	42	0.00	100.00
41°	40	2.54	102 50
	41	0.00	100.00

2. *Application des tables de mouillage.*

Lorsqu'on voudra mouiller un nombre de litres plus petit que 100, il sera toujours facile de trouver la quantité d'eau à ajouter, en cherchant dans la table du mouillage pour le degré qu'on veut réduire, d'abord pour un litre, en séparant deux chiffres vers la gauche du nombre de litres d'eau que l'on doit ajouter pour un hectolitre, et multipliant cette quantité exigée pour un litre par le nombre de litres que l'on veut réduire.

Exemple. Je veux réduire 30 litres d'esprit de 80 degrés en eau-de-vie à 50 degrés : combien faut-il que j'y mette d'eau ? Je cherche dans la table du mouillage, et, dans une des colonnes intitulées : *Degrés de l'esprit à réduire*, le nombre 80 que je trouve à la page 47 ; je descends dans la colonne suivante jusqu'au nombre 50, et je trouve que le nombre qui lui correspond, indiquant le nombre de litres d'eau à ajouter à l'hectolitre d'esprit, est 63 litres 1 décilitre. Si donc j'avance la virgule de deux rangs vers la gauche, j'obtiendrai 0,63 décilitres, ou 0,630 millilitres, ce qui indique la quantité d'eau qu'il faudrait ajouter à un litre d'esprit à 80° pour le réduire à 50. Maintenant, qu'on multiplie ce qui est exigé pour un litre, ou 0,63 par 30, on aura 18 litres 9 décilitres pour la quantité d'eau à ajouter à 30 litres d'esprit à 80 degrés qu'on veut réduire à 50, et ces 30 litres plus 18 lit. 9 des deux liquides n'occuperont plus qu'un volume de 48 litres. On opèrera de la sorte pour tous les autres cas.

1° En général, pour trouver le nombre de litres d'esprit pur contenus dans une quantité quelconque d'eau-de-vie, il faut, ainsi que nous l'avons expliqué à la page 37, multiplier la quantité de liquide par le degré trouvé à l'alcoomètre, et diviser le produit par 100, en séparant deux chiffres à droite. Ainsi, soit une pièce d'eau-de-vie de 435 litres à 58 degrés ; en multipliant 435 par 58, et séparant deux chiffres, on aura 252 litres 30 centilit, ou 2 hectolit. 52 lit. 30 centilit. d'alcool pur.

2° Nous avons vu, dans les tables du mouillage, la quantité de litres d'eau qu'il faut ajouter à un hectolitre d'esprit ou d'eau-de-vie, à un degré quelconque, pour les réduire à un degré plus bas; il est aussi aisé de trouver par une simple multiplication, et en séparant deux chiffres à droite, le moyen d'abaisser le degré d'une quantité quelconque d'esprit ou d'eau-de-vie. En effet, supposons qu'on se propose de convertir une pièce d'esprit à 85 degrés, et de la contenance de 586 litres, en eau-de-vie de 52 degrés. On trouve, dans la table du mouillage, qu'il faut 67 litres 1 décilitre d'eau pour convertir 100 litres de 85° en 52°; je multiplie donc 587 par 67,1, et j'obtiens 39393,57, qui, divisé par 100, donne 393 litres 935 millilitres pour le volume d'eau que je dois ajouter à l'esprit donné. Maintenant, pour obtenir tout le volume du liquide à 52 degrés que je viens de faire, je multiplie les 586 litres par le degré 85, et je divise par 52. Le volume du 52 est donc égal à

$$586 \text{ litres} \times \frac{85}{52} = 957^{\text{lit.}}88$$

3° Lorsqu'on se propose d'obtenir, avec un esprit d'une force connue, un volume déterminé d'un autre liquide d'un degré plus faible, on trouve la quantité d'esprit qu'il faut prendre, *en multipliant le volume donné par la plus petite force, et divisant le produit par la plus grande.*

Exemple. On donne du 85 degrés, et l'on propose de faire avec ce liquide 456 litres de 50. D'après la règle, le volume d'esprit que je dois prendre est égal à 456 litres, multiplié par 50 égale 22800, qui, divisé par 85, donne 268 litres 23 centilitres; donc il faudrait 268 litres 23 centilitres du degré 85 pour faire 456 litres à 50 degrés. Maintenant, j'obtiens le volume d'eau qui doit être ajouté à l'esprit, en cherchant dans la table du mouillage celui que prendraient 100 litres du même esprit à 85 degrés pour être convertis en 50 degrés; je trouve 73 litres 87 centilitres, et en multipliant par ce nombre 268 litres 23 centilitres, et séparant deux chiffres, ce qui fait cinq qu'on sépare au produit, on obtient 198 litres 14 centilitres pour le volume de l'eau du mouillage.

4° On fait aussi quelquefois le mouillage d'un liquide spiritueux avec un autre liquide spiritueux plus faible.

Le mélange des spiritueux n'éprouvant pas une aussi grande contraction, à beaucoup près, lorsqu'on les mélange entre eux que lorsqu'on les étend avec de l'eau, on peut obtenir une approximation suffisante en supposant la contraction nulle. Lors donc qu'on a une certaine quantité d'esprit à un degré connu, et qu'on veut l'affaiblir en le mêlant à un autre liquide plus faible, on procède ainsi :

Par exemple, je suppose qu'on ait 708 litres d'esprit à 88 degrés, et qu'on veuille faire du 46 avec de l'eau-de-vie à 34 degrés. Pour savoir combien il faudrait mettre de litres de 34 degrés dans les 708 litres d'esprit à 88 degrés, on multiplie les 708 litres par 42, qui est la différence des degrés primitifs ou 88 moins 46, et on divise le produit 29736 par 12, qui est la différence 46 moins 34 des degrés cherchés; on obtient au quotient 2478 lit. pour le nombre de lit. de 34 degrés.

Lorsque c'est le nombre de litres du plus fort que l'on veut connaître, comme, par exemple, si on avait 2478 litres à 34 degrés, et qu'on voulût en faire du 46 en le mêlant avec du 88, le volume du 88 degrés à prendre serait égal au produit de 2478 litres par 12, qui est la différence de 46 à 34, qui donne 29736, lequel divisé par 42, différence de 88 moins 46, donne pour quotient 708 litres du 88 degrés, c'est-à-dire que cette opération est l'inverse de la précédente. (V. au chap. V.)

Dans ces deux dernières opérations, on a négligé la contraction, qui peut encore s'élever à 4 pour 100. On sera donc obligé, après qu'on aura fait le mélange dans les proportions données par les règles ci-dessus, d'en prendre la force réelle et de l'ajouter au résultat, ou mieux on tiendra compte, dans les opérations, des volumes indiqués dans la quatrième colonne de notre table du mouillage.

Nous conseillerons, dans tous les cas, après qu'on aura opéré un mouillage, de vérifier le titre du produit qu'on aura obtenu, parce qu'il pourrait se glisser des erreurs dans les opérations si on avait négligé quelques-unes des conditions qui doivent conduire à un résultat digne de confiance.

Enfin, on remarquera que dans les exemples dont nous avons présenté le calcul, nous n'avons pas tenu compte de la température de l'eau qui entre dans les mélanges, parce que cette eau est, la plupart du temps, à une température moyenne, et que sa dilatation ou sa contraction, dans les limites des températures régnantes, est fort peu sensible.

Nous ajouterons encore ici une table qui donne, pour les alcools de toute richesse centésimale, le rapport correspondant de l'eau à l'alcool à la température de 15° C., table que nous empruntons au *Manuel d'Alcoométrie* de M. A. Th. Kupffer.

Alcool en centièmes.	Rapport de l'eau à l'alcool.	Alcool en centièmes.	Rapport de l'eau à l'alcool.	Alcool en centièmes.	Rapport de l'eau à l'alcool.	Alcool en centièmes.	Rapport de l'eau à l'alcool.	Alcool en centièmes.	Rapport de l'eau à l'alcool.	Alcool en centièmes.	Rapport de l'eau à l'alcool.
1	99.0550	18	4.6387	35	1.9458	52	0.9944	69	0.4989	86	0.1898
2	49.0555	19	4.3475	36	1.8662	53	0.9569	70	0.4768	87	0.1751
3	32.3920	20	4.0854	37	1.7905	54	0.9208	71	0.4554	88	0.1605
4	24.0605	21	3.0482	38	1.7186	55	0.8858	72	0.4346	89	0.1462
5	19.0614	22	3.6327	39	1.6503	56	0.8520	73	0.4143	90	0.1320
6	15.7303	23	3.4354	40	1.5852	57	0.8194	74	0.3945	91	0.1181
7	13.3511	24	3.2550	41	1.5232	58	0.7878	75	0.3751	92	0.1045
8	11.5679	25	3.0890	42	1.4642	59	0.7573	76	0.3563	93	0.0911
9	10.1810	26	2.9354	43	1.4077	60	0.7277	77	0.3379	94	0.0779
10	9.0714	27	2.7936	44	1.3536	61	0.6992	78	0.3199	95	0.0648
11	8.1635	28	2.6615	45	1.3021	62	0.6715	79	0.3022	96	0.0518
12	7.4079	29	2.5385	46	1.2526	63	0.6446	80	0.2853	97	0.0388
13	6.7685	30	2.4237	47	1.2052	64	0.6185	81	0.2685	98	0.0259
14	6.2204	31	2.3160	48	1.1597	65	0.5932	82	0.2521	99	0.0128
15	5.7461	32	2.2151	49	1.1160	66	0.5686	83	0.2361	100	0.0000
16	5.3304	33	2.1199	50	1.0740	67	0.5447	84	0.2204		
17	4.9642	34	2.0304	51	1.0335	68	0.5214	85	0.2049		

Cette table va nous servir à calculer aisément les mouillages au moyen des multiplicateurs contenus dans les colonnes du rapport de l'eau à l'alcool.

Supposons, en effet, qu'on se propose de faire par un mouillage, à la température de 15° C., et avec de l'alcool à 88° centésimaux, de l'eau-de-vie à 40°. Nous dirons :

Pour l'alcool à 40°, le multiplicateur donné dans la table ou le rapport de l'eau à l'alcool est 1,5852; faisant la multiplication, on trouve pour la proportion centésimale de l'eau 40 × 1,5852 = 63,412 d'eau, ci. 63.412

Pour l'alcool à 88°, le multiplicateur est 0,1605 et en multipliant, on trouve 88 × 0,1605 = 14,124, c'est-à-dire que cet alcool renferme déjà 14,124 pour 100 d'eau, ci. 14.124

En déduisant du chiffre précédent, il reste. 49.288

pour la quantité d'eau qu'il faut ajouter à l'alcool à 88° pour avoir de l'eau-de-vie à 40° qui renferme alors 49,288 + 14,124 d'eau = 63,412 pour 100.

En effet, les tables dressées par Gilpin nous apprennent que l'alcool à 40° se compose, sur 100 parties, de 40 alcool et 63,406 eau, résultat identique à 0,006 près à celui trouvé ci-dessus.

CHAPITRE V.

REMONTAGE DES ALCOOLS ET DES EAUX-DE-VIE.

Par *remonter les eaux-de-vie*, on entend leur donner plus de degrés ou de force ; et pour donner à une eau-de-vie un degré supérieur à celui qu'elle avait avant, il faut nécessairement verser dessus une eau-de-vie ou de l'esprit supérieur en degré à celui qu'on veut obtenir. Deux exemples suffiront pour faire bien comprendre les procédés à employer en pareille circonstance.

1° Je suppose d'abord un fût de 560 litres d'eau-de-vie à 44 degrés, et qu'on veuille remonter cette eau-de-vie à 58°, avec de l'esprit à 86°.

On prend la différence de 58 à 44, qui est 14; on multiplie cette différence par le nombre de litres, $560 \times 14 = 7840$. On divise ce produit par 28, qui est la différence de 88 à 58 ; on obtient 280 pour le nombre de litres à 86 à mêler avec les 560 litres à 44, pour obtenir 841 litres à 58.

2° Si on voulait savoir combien il faudrait mettre de litres d'esprit à 86 avec du 44°, pour remplir un fût contenant 561 litres, et obtenir un mélange à 58, on prendrait les deux différences 14 et 28 comme dans le premier cas, on en ferait la somme 52, on multiplierait le nombre de litres à faire, qui est 561, par la différence du degré qu'on veut obtenir et du degré qu'on veut augmenter, c'est-à-dire $14 \times 561 = 7854$; ensuite, on diviserait ce produit par 42, somme des deux différences, et l'on obtiendrait 187 pour la quantité de litres d'esprit à 86 à mettre dans le fût ; le reste ou les 374 serait le nombre de litres à 44.

CHAPITRE VI.

VENTE DES ALCOOLS ET DES ESPRITS AU POIDS.

On a souvent fait ressortir l'avantage qu'il y aurait à vendre les alcools et les esprits au poids, en faisant remarquer qu'une fois qu'on connaîtrait la tare du vaisseau dans lequel on pèserait ces liquides, on aurait le poids net du volume de ceux-ci renfermés dans ce vaisseau, et qu'en divisant ce volume par la capacité de celui-ci, on aurait la densité de ces liquides dont on déduirait aisément leur richesse alcoométrique.

Imaginons, par exemple, qu'on ait un fût dont on connaît la capacité exacte soit par le jaugeage, soit en l'emplissant d'eau à la température de 15° C. et qu'on en a pris le poids ou la tare avec soin; que cette capacité est de 250 litres et la tare de 16 kilogr., enfin, que ce fût rempli d'alcool pèse 221 kilogr. à la romaine. Le poids du liquide contenu dans ce fût sera donc 221—16 kilogr. ou 205 kilogr. qui occupent une capacité de 250 litres, et en divisant ces 205 kilogr. par leur volume 250 litres, on a $\frac{205}{250} = 0$kil.820, ce qui veut dire que chaque litre de cet alcool a un poids de 820 grammes ou correspond à une densité de 0,820, c'est-à-dire à 94° centésimaux ou près de 39° Cartier.

On a fait remarquer avec raison que toutes les transactions qui s'opèrent sur les liquides spiritueux se font au litre, que les droits sont également perçus au litre, et que s'il est vrai que les balances ou les romaines du commerce et de l'administration n'ont pas la précision des appareils de laboratoire, ces instruments paraissent cependant devoir suffire pour accuser des différences de poids propres à donner la richesse réelle des produits alcooliques qu'on achète.

Ainsi, dans les hauts degrés alcooliques, il y a environ 4 grammes de différence par litre; or, il faudrait qu'une balance ou une romaine fussent bien défectueuses pour ne pas indiquer 400 grammes par hectolitre de 80 kilogr. ou 2 kilogr. par 5 hectolitres de 400 kilogr., ou commettre une erreur d'un degré.

D'ailleurs, a-t-on ajouté, les quantités elles-mêmes sont rarement rigoureuses dans le commerce, et un hectolitre est suffisamment juste à un ou plusieurs centilitres, et enfin la valeur des marchandises n'a presque aucune importance fiscale ou commerciale pour d'aussi minimes différences. A 1 franc le litre, un esprit se paie 100 francs l'hectolitre et une erreur de quelques centilitres ne fait qu'une différence de quelques centimes, tantôt en plus, tantôt en moins dans le cours des opérations.

M. de Kupffer, dans son *Manuel d'Alcoométrie*, a proposé aussi comme un moyen beaucoup plus simple et plus commode d'établir le prix de diverses eaux-de-vie non plus par le volume, mais par leur poids. En effet, on trouve partout aujourd'hui d'excellents appareils de pesage, et la dépense pour leur acquisition sera promptement couverte par l'économie du temps que procurera le pesage d'un vase comparativement à une opération volumétrique. Pour déterminer le poids de ce vase, il ne faut que quelques minutes et pour être certain du poids d'alcool qu'il renferme, il suffit de connaître le poids du vase lui-même, poids qui peut toujours être le même. Ajoutons à cela que la détermination d'un poids a toujours beaucoup plus de précision que celle du volume, et qu'avec une balance exacte l'erreur ne peut guère s'élever à plus de 1/500 du poids total, tandis que celle en volume ou par hectolitre peut aller aisément jusqu'à 1 pour 100 ou à un centième du volume total.

Mais le principal avantage de la détermination de la spirituosité des alcools au poids est que la température n'a aucune influence sur elle, puisque le poids reste constant à toutes les températures, tandis que le volume éprouve, par les changements de celle-ci, des variations continuelles et assez étendues.

Pour pouvoir acheter les esprits au poids, il faudrait établir un alcoomètre qui donnerait la proportion pondérale et centésimale d'alcool contenu dans les esprits. Cet alcoomètre qu'on pourrait appeler alcoomètre au poids pour le distinguer de l'alcoomètre au volume serait semblable à celui-ci, excepté qu'il indiquerait le poids au lieu du volume. Nous ne donnerons donc pas la description de cet instrument qui n'a pas encore été établi et qui n'a pas d'existence légale, mais nous présenterons ici une table qui pourra faciliter sa construction et les calculs auxquels il donnerait lieu, et qui contient la conversion de la proportion centésimale en poids en celle également centésimale en volume à la température de 12°4 R. ou 15°5 C.

Bien entendu que les indications de l'alcoomètre au poids devraient, si l'opération se faisait à une autre température que celle normale, être ramenées à celle-ci. Ces réductions pourraient se faire à l'aide d'une table analogue à celle de la page 36.

Voir le Tableau ci-contre.

Table pour la conversion des centièmes en poids en centièmes en volume des alcools, ces derniers mesurés à la température de 12°4 R. ou 15°5 C.

Poids en centièmes.	Volume en centièmes.	Différence.	Poids en centièmes.	Volume en centièmes.	Différence.	Poids en centièmes.	Volume en centièmes.	Différence.
0	0	1.3	34	40.7	1.1	68	75.1	0.9
1	1.3	1.2	35	41.8	1.1	69	76.0	0.9
2	2.5	1.3	36	42.9	1.1	70	76.9	0.8
3	3.8	1.2	37	44.0	1.1	71	77.7	0.9
4	5.0	1.3	38	45.1	1.1	72	78.6	0.9
5	6.3	1.2	39	46.2	1.1	73	79.5	0.9
6	7.5	1.2	40	47.3	1.1	74	80.4	0.8
7	8.7	1.3	41	48.4	1.1	75	81.2	0.9
8	10.0	1.2	42	49.5	1.0	76	82.1	0.8
9	11.2	1.2	43	50.5	1.1	77	82.9	0.9
10	12.4	1.2	44	51.6	1.0	78	83.8	0.8
11	13.6	1.2	45	52.6	1.1	79	84.6	0.8
12	14.8	1.2	46	53.7	1.0	80	85.4	0.8
13	16.0	1.3	47	54.7	1.0	81	86.2	0.8
14	17.3	1.2	48	55.7	1.1	82	87.0	0.7
15	18.5	1.2	49	56.8	1.0	83	87.9	0.8
16	19.7	1.2	50	57.8	1.0	84	88.6	0.8
17	20.9	1.2	51	58.8	1.0	85	89.4	0.8
18	22.1	1.2	52	59.8	1.0	86	90.2	0.7
19	23.3	1.2	53	60.8	1.0	87	91.0	0.8
20	24.5	1.2	54	61.8	1.0	88	91.7	0.7
21	25.7	1.1	55	62.8	1.0	89	92.5	0.8
22	26.8	1.2	56	63.8	1.0	90	93.2	0.7
23	28.0	1.2	57	64.8	1.0	91	94.0	0.7
24	29.2	1.2	58	65.7	1.1	92	94.7	0.7
25	30.4	1.1	59	66.7	1.0	93	95.4	0.7
26	31.5	1.2	60	67.6	1.0	94	96.1	0.6
27	32.7	1.1	61	68.6	0.9	95	96.8	0.7
28	33.9	1.2	62	69.6	0.9	96	97.4	0.7
29	35.0	1.1	63	70.5	0.9	97	98.1	0.6
30	36.2	1.1	64	71.4	1.0	98	98.8	0.6
31	37.3	1.1	65	72.3	0.9	99	99.4	
32	38.4	1.1	66	73.3	0.9	100	100.0	
33	39.6		67	74.2				

L'usage de cette table serait fort simple. Supposons que l'alcoomètre au poids ait indiqué dans un esprit un poids en alcool de 61 centièmes, il est facile de voir d'après cette table que cet esprit contient en volume 68,6 pour 100 d'alcool.

S'il y avait des fractions, par exemple un poids de 61.6, la colonne des différences donnerait, par une règle de trois, la proportion en volume qui répond à ce poids et qui serait 68,6 + 0,6 = 69,2.

On parvient également par des opérations peu compliquées, à déterminer en poids la proportion d'esprit et d'eau qu'on doit mélanger pour avoir une eau-de-vie d'un poids donné ou celle de deux sortes d'esprit qu'on veut mélanger entre eux pour obtenir des eaux-de-vie de poids intermédiaire ou pour remonter des eaux-de-vie faibles.

CHAPITRE VII.

ALCOOMÉTRIE DANS LES PAYS ÉTRANGERS.

L'alcool, les esprits et les eaux-de-vie étant, dans tous les pays de l'Europe, un produit qui donne lieu à des transactions commerciales considérables, et qui procurent, d'ailleurs, par les droits fiscaux dont ils sont chargés, des ressources à l'impôt, on a dû partout, aussi bien qu'en France, se préoccuper des moyens de constater la richesse apparente ainsi que celle réelle de ces liquides, tant pour éviter ou constater les fraudes auxquelles ceux-ci ne donnent que trop souvent lieu, que pour ne frapper d'un droit que la seule matière imposable ou l'alcool absolu et non pas l'eau qu'ils renferment à divers degrés de richesse. Les gouvernements ont donc demandé à la science de leur fournir un appareil simple pour constater et contrôler la richesse des produits alcooliques, et de là sont nés divers appareils pour cet objet, appliqués, non pas seulement par les employés du fisc, mais aussi par les producteurs d'alcool, les négociants qui en font le commerce, et même ceux qui en consomment pour les besoins de leur industrie.

Nous avons donc pensé que nos négociants qui étendent leurs spéculations jusque dans les pays étrangers, verraient avec intérêt, réunis dans ce petit manuel, quelques-uns des procédés alcoométriques adoptés dans les principaux pays de l'Europe, et la description très-sommaire des appareils qu'on y consacre. Nous aurions bien désiré étendre davantage cette nomenclature, mais des documents précis, fondés sur des expériences faites par d'habiles physiciens manquent encore pour beaucoup de pays, et nous avons dû nous borner à ceux que la science seule avoue.

1° *Angleterre.* L'hydromètre de Sykes, dont on se sert officiellement en Angleterre pour déterminer la richesse alcoolique des eaux-de-vie, a été agréé en France dans le traité de commerce qui est intervenu entre les deux nations. Cet hydromètre n'indique pas immédiatement la densité ou la richesse centésimale en alcool absolu, mais le degré *au-dessus et au-dessous de preuve* (proof).

L'esprit-preuve a été défini par un acte du parlement, celui qui, à la température de 51° du thermomètre de Fahrenheit (10°56 centésimaux), pèse exactement 12/13 d'un égal volume d'eau distillée. Des expériences exactes ont servi à déterminer que cet esprit-preuve possède la composition suivante :

ALCOOL ET EAU.

Au poids.		*A la mesure.*	
Alcool.	Eau.	Alcool.	Eau.
100 +	103:09	100 +	81.82
49/100 +	50,76		

Son poids spécifique à 60° F. (15°56) est 0,919, et le volume du mélange de 100 alcool et 81,82 eau est 175,25.

Si un esprit est plus faible on dit qu'il est au-dessous de preuve (*under proof*) et s'il est plus fort, qu'il est au-dessus de preuve (*above proof*).

Cet hydromètre se compose d'une boule sphérique ou flotteur, avec tiges supérieure et inférieure en laiton. La tige supérieure est partagée en dix divisions principales subdivisées chacune en cinq parties. La tige inférieure est de forme conique et porte à son extrémité un bourrelet. A cet instrument se rattachent neuf poids mobiles numérotés de 10 en 10, c'est-à-dire que le premier porte le n° 10, et le neuvième, le n° 90. Chacun de ces poids est un disque circulaire et porte une fente qui permet de l'insérer sur sa tige conique et de venir reposer sur le bourrelet qui la termine.

L'instrument est ajusté de façon à flotter; la surface du liquide coïncide avec le zéro de l'échelle dans une eau-de-vie du poids spécifique de 0,825 à 60° F. C'est ce que la douane anglaise appelle *standard alcohol* (alcool étalon ou type). Dans l'alcool plus faible qui a, par conséquent, une densité plus grande, l'hydromètre n'enfonce pas aussi bas, et si la densité est plus forte encore, il devient nécessaire d'ajouter un des poids pour déterminer l'immersion complète de la boule de l'instrument.

Chacun des poids représente autant de divisions principales de la tige que l'indique le numéro qu'il porte; ainsi, le poids le plus lourd marqué 90 équivaut à 90 divisions de la tige, et l'instrument, quand on y ajoute ce poids, flotte au zéro dans l'eau distillée.

Comme chaque division de la tige est partagée en 5 parties, l'instrument a une graduation qui s'étend ainsi à 500° entre l'alcool étalon (poids spécifique 0,825) et l'eau.

Il y a une ligne sur un des deux côtés de la tige supérieure près de la division 1, à laquelle l'instrument, lorsqu'on y a attaché le poids 60, flotte dans l'eau-de-vie exactement à la force dite preuve, à la température de 51° F. (10°56 C.).

Pour se servir de l'instrument on l'immerge dans l'eau-de-vie et on l'y plonge à la main jusqu'à ce que toute la portion graduée de la tige supérieure soit mouillée. L'effort que la main doit exercer pour cela est déjà un guide ou un indice du poids dont il faut faire choix. Après avoir pris le poids circulaire qu'on juge nécessaire pour cet objet, on l'insère sur la tige conique inférieure, on immerge de nouveau l'instrument qu'on presse encore jusqu'à ce qu'il plonge à zéro, puis on l'abandonne et on le laisse se relever et s'arrêter à un point précis. On applique alors l'œil au niveau de la surface du liquide, et on prend note du numéro de l'échelle coupé par le liquide; le nombre ainsi accusé par la tige est ajouté à celui du poids et la somme de ces deux nombres ainsi que la température du liquide qu'on a observée en même temps, à l'aide d'un thermomètre, en se reportant à une table, déterminent la force alcoolique.

Une comparaison rigoureuse entre les degrés de l'hydromètre de Sykes et ceux de l'alcoomètre de Gay-Lussac a permis de dresser le tableau qui va suivre.

Pour comprendre cette table, il faut faire attention que le zéro de l'hydromètre correspond à peu de chose près au 57°47 de l'aréomètre centésimal de Gay-Lussac, et que tant au-delà qu'en deçà de ce 0°, la graduation est croissante. Ainsi, les degrés au-dessus de ce zéro, marquent la richesse croissante dite *over proof* ou au-dessus de preuve, et ceux au-dessous, la richesse décroissante dite *under proof* ou au-dessous de preuve. Ce tableau renferme, d'ailleurs, une colonne où on a donné la proportion centésimale d'alcool-preuve contenue dans les liquides, marquant chacun des degrés de l'hydromètre.

Voir le Tableau, pages 128 *et* 129.

HYDROMÈTRE DE SYKES.		ALCOOMÈTRE de Gay-Lussac.	HYDROMÈTRE DE SYKES.		ALCOOMÈTRE de Gay-Lussac.
Over proof.	Alcool-preuve pour 100.		Over proof.	Alcool preuve pour 100.	
74.0	174.0	100	30.5	130.5	75
72.3	172.3	99	28.8	128.8	74
70.5	170.5	98	27.0	127.0	73
68.8	168.8	97	25.3	125.3	72
67.0	167.0	96	23.5	123.5	71
65.3	165.3	95	21.8	121.8	70
63.6	163.6	94	20.1	120.1	69
61.8	161.8	93	18.3	118.3	68
60.1	160.1	92	16.6	116.6	67
58.3	158.3	91	14.8	114.8	66
56.6	156.6	90	13.1	113.1	65
54.9	154.9	89	11.4	111.4	64
53.1	153.1	88	9.6	109.6	63
51.4	151.4	87	7.9	107.9	62
49.6	149.6	86	6.1	106.1	61
47.9	147.9	85	4.4	104.4	60
46.2	146.2	84	2.7	102.7	59
44.4	144.4	83	0.9	100.9	58
42.7	142.7	82	0.2	99.2	57
40.9	140.9	81	2.6	97.4	56
39.2	139.2	80	4.3	95.7	55
37.5	137.5	79	6.0	94.0	54
35.7	135.7	78	7.8	92.2	53
34.0	134.0	77	9.5	90.5	52
32.2	132.2	76	11.3	88.7	51

HYDROMÈTRE DE SYKES.		ALCOOMÈTRE de Gay-Lussac.	HYDROMÈTRE DE SYKES.		ALCOOMÈTRE de Gay-Lussac.
Under proof.	Alcool-preuve pour 100.		Under proof.	Alcool-preuve pour 100.	
13.0	87.0	50	56.5	43.5	25
14.7	85.3	49	58.2	41.8	24
16.5	83.5	48	60.0	40.0	23
18.2	81.8	47	61.7	38.3	22
20.0	80.0	46	63.5	36.5	21
21.7	78.3	45	65.2	34.8	20
23.4	76.6	44	66.9	33.1	19
25.2	74.8	43	68.7	31.3	18
26.9	73.1	42	70.4	29.6	17
28.7	71.3	41	72.2	27.8	16
30.4	69.6	40	73.9	26.1	15
32.1	67.9	39	75.6	24.4	14
33.9	66.1	38	77.4	22.6	13
35.6	64.4	37	79.1	20.9	12
37.4	62.6	36	80.9	19.1	11
39.1	60.9	35	82.6	17.4	10
40.8	59.2	34	84.3	15.7	9
42.6	57.4	33	86.1	13.9	8
44.3	55.7	32	87.8	12.2	7
46.1	53.9	31	89.6	10.4	6
47.8	52.2	30	91.3	8.7	5
49.5	50.5	29	93.0	7.0	4
51.3	48.7	28	94.8	5.2	3
53.0	47.0	27	96.5	3.5	2
54.8	45.2	26	98.3	1.7	1

Ce mode de graduation de l'hydromètre présente cet avantage qu'il suffit d'ajouter le nombre de degrés accusés par l'instrument au nombre 100 quand il s'agit d'alcool *over proof* et de le soustraire quand il s'agit d'alcool *under proof* pour avoir la quantité d'alcool-preuve qu'on pourrait obtenir de 100 litres du mélange par l'addition ou la soustraction de l'eau, et en même temps d'en déterminer le prix.

Par exemple, si le prix de 100 litres ou d'un hectolitre d'alcool-preuve est de 100 schillings, 100 litres d'esprit à 20° *over proof* coûteront 120 schillings, et 100 litres d'esprit à 20°, *under proof* devront coûter 80 schillings. Les degrés de Sykes donnent donc la proportion centésimale qu'on doit ajouter ou soustraire au prix de l'alcool-preuve pour obtenir celui de l'alcool qu'on examine ou dont on a recherché la richesse centésimale.

2° *Hollande.* En Hollande on fait usage d'un alcoomètre auquel on donne le nom de *vochtmeter*. Cet instrument est divisé en 144 parties égales qui commencent au point jusqu'auquel cet alcoomètre plonge dans de l'eau à la température de 60 degrés du thermomètre de Fahrenheit (15°56 centigrades) et qui est marqué 0°. Chacune de ces 144 parties est donc la 144° portion du volume de l'alcoomètre au-dessous du zéro, et, par conséquent, lorsque cet instrument plonge jusqu'à x dans un liquide, $\frac{144+x}{144}$ est le rapport volumétrique de ce liquide, tandis que son poids spécifique est $\frac{144}{144+x}$.

Le prix des esprits et, par suite, les droits du fisc sont calculés d'après la quantité d'eau-de-vie-preuve (*procf vocht*) qu'on obtient par un mélange d'esprit et d'eau. Dans cette eau-de-vie-preuve, le vochtmeter plonge jusqu'à 10° à la température normale de 10°02 = 12°5 C. = 54°5 Fahrenheit, échelle dont on se sert encore en Hollande. Cette eau-de-vie-preuve, ramenée à la température de 12°4 R. = 15°10 C., représente, à peu de chose près, nos eaux-de-vie à 50°0 centésimaux.

Nous trouvons dans le *Manuel d'Alcoométrie* de M. A.-Th. de Kupffer, une table de conversion des degrés du vochtmeter en degrés de l'alcoomètre centésimal de Tralles que nous croyons devoir reproduire ici, en rappelant que l'alcoomètre centésimal de Tralles ne diffère de celui de Gay-Lussac qu'en ce que le premier est gradué à la température de 15°6 C., tandis que le second l'a été à celle de 15° C., différence qui détermine une variation insensible dans l'évaluation de la richesse réelle, ou dans le prix des liquides spiritueux.

Vochtmeter.	Tralles.	Vochtmeter.	Tralles.	Vochtmeter.	Tralles.
0	0.0	13	59.5	26	86.8
1	5.1	14	62.4	27	88.5
2	10.6	15	64.6	28	90.0
3	16.9	16	67.1	29	91.5
4	23.9	17	69.4	30	92.9
5	30.5	18	71.6	31	94.2
6	35.8	19	73.7	32	95.5
7	40.2	20	75.8	33	96.7
8	44.1	21	77.8	34	97.7
9	47.6	22	79.7	35	98.8
10	50.8	23	81.6	36	99.8
11	53.9	24	83.5		
12	56.7	25	85.2		

En divisant le nombre des deuxièmes colonnes par 50,8, et multipliant le quotient par 100, on a le nombre de litres d'eau-de-vie-preuve qu'on peut obtenir par le mélange d'eau avec 100 litres d'un esprit dont la richesse est indiquée par le vochtmeter à la température de 10° R.

Ainsi, 100 litres d'une eau-de-vie à 12° vochtmeter, peuvent fournir :

$$\frac{56.7}{50.8} \times 100 = 111^{\text{lit.}}6 \text{ d'eau-de-vie-preuve.}$$

et 100 litres d'eau-de-vie marquant 20° au vochtmeter, donnent :

$$\frac{75.8}{50.8} \times 100 = 149^{\text{lit.}}1 \text{ d'eau-de-vie-preuve.}$$

Dans ces derniers temps, on a proposé, pour la Hollande, un nouvel alcoomètre identique avec l'alcoomètre de Gay-Lussac, où les températures sont également mesurées sur le thermomètre centigrade, mais le liquide normal est un esprit à 50 pour 100, et, par conséquent, les indications de cet appareil doivent être divisées par 2 pour avoir la proportion centésimale de l'alcool.

3° *Allemagne.* On se sert assez généralement, en Allemagne, de l'*alcoomètre centésimal de Tralles* qui est ordinairement construit en verre, et consiste en un cylindre de 2 centimètres environ de largeur et 15 de longueur, qui se termine dans le bas par une boule chargée de mercure, et dans le haut est surmonté d'une tige cylindrique divisée en 10 parties qui représentent autant de centièmes d'alcool absolu renfermé dans un liquide.

Cet alcoomètre ressemble en tout point à l'alcoomètre centésimal de Gay-Lussac, excepté qu'il a été gradué à la température de 12°4 R. (15°6 C.) au lieu de l'être comme ce dernier gradué à celle de 12° R. (15° C.). Cette petite différence, ou plutôt les différences entre les indications des alcoomètres de Tralles et de Gay-Lussac sont si faibles qu'on peut très-bien les négliger dans la pratique. Quant au volume, la dilatation de l'alcool entre 15° et 15°6 C. est tellement minime qu'elle doit influer fort peu sur le prix.

On peut donc réduire à toutes les températures les richesses apparentes accusées par l'alcoomètre de Tralles, en richesse réelle au moyen de la table que nous avons publiée pour l'alcoomètre centésimal, à la page 43, et se servir également pour le mouillage des tableaux de la page 52.

On fait aussi, dans plusieurs pays de l'Allemagne, usage de l'*aréomètre de Beck* qui est un instrument divisé en parties égales, et qui, à la température normale de 10° R. (12°5 C.), plonge dans l'eau jusqu'à 0, et dans un liquide du poids spécifique de 0,850, s'enfonce jusqu'au degré 30. Chaque degré de cet alcoomètre correspond à une augmentation de volume de 1/170 du volume de l'instrument à 0, pris pour unité.

Cet aréomètre exige dans son application l'emploi de quelques tables auxiliaires, mais on en facilite la comparaison avec l'alcoomètre centésimal de Tralles au moyen du tableau suivant :

DEGRÉS DE	
l'aréomètre de Book.	l'aréomètre de Tralles.
0	0.000
10	45.8
20	69.2
30	85.9
40	97.7
42	99.4
42.28	100.0

En Prusse, en Belgique et en Suède, on paraît avoir adopté sans modification l'alcoomètre centésimal de Gay-Lussac.

TABLE DES MATIÈRES.

FIN DE LA TABLE.

BAR-SUR-SEINE. — IMP. SAILLARD.

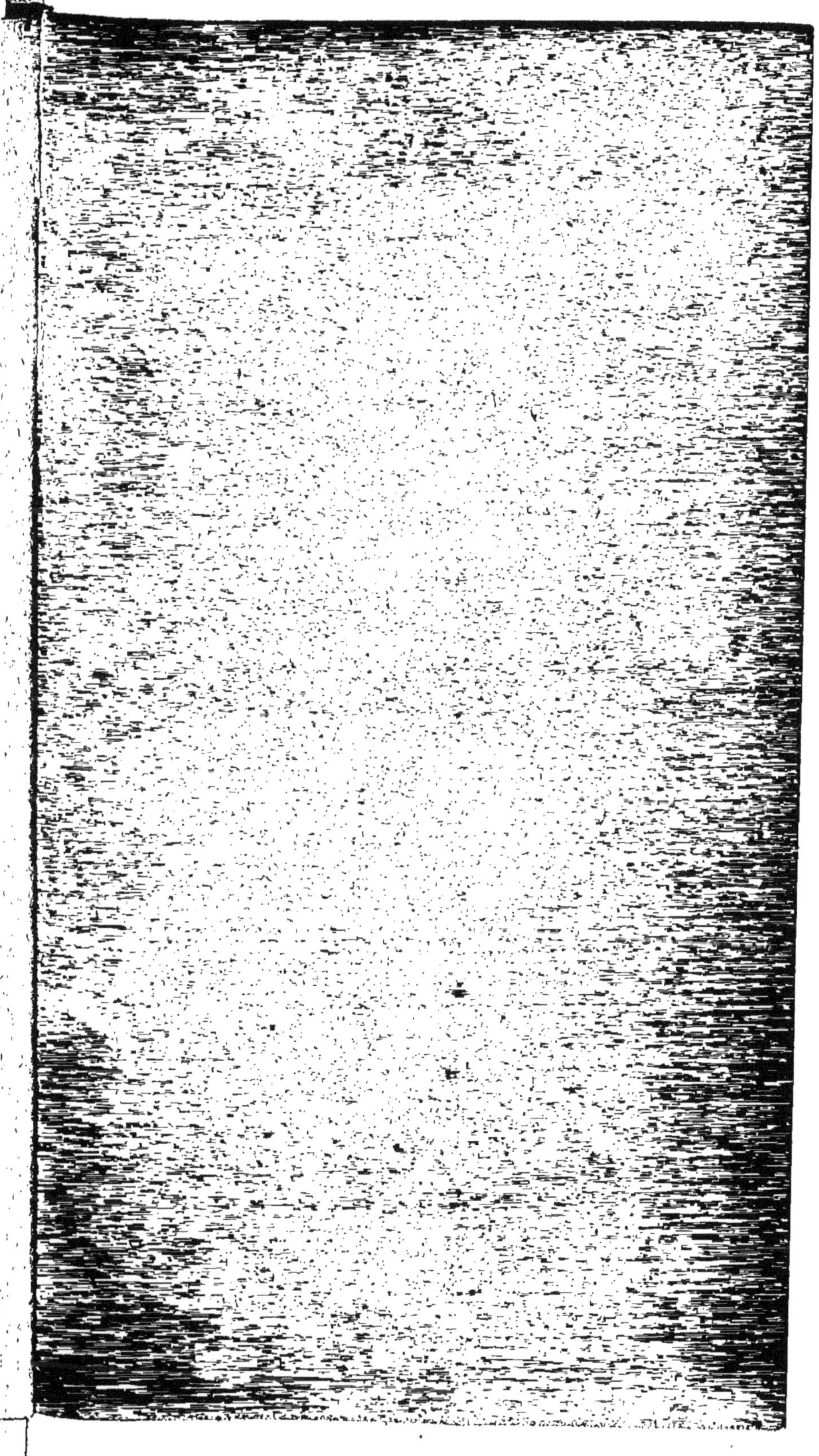

www.ingramcontent.com/pod-product-compliance
Ingram Content Group UK Ltd.
Pitfield, Milton Keynes, MK11 3LW, UK
UKHW021114220726
13924UKWH00004B/1706

9 782019 915032